Messung und Modellierung der thermo-elastischen Abweichungen von fünfachsigen Werkzeugmaschinen

Measurement and Modelling of the Thermo-Elastic Errors on Five-Axis Machine Tools

Von der Fakultät für Maschinenwesen
der Rheinisch-Westfälischen Technischen Hochschule Aachen
zur Erlangung des akademischen Grades eines
Doktors der Ingenieurwissenschaften
genehmigte Dissertation

vorgelegt von

Tae Hun Lee

Berichter/in:

Univ.-Prof. Dr.-Ing. Christian Brecher
Univ.-Prof. Dr.-Ing. Steffen Ihlenfeldt

Tag der mündlichen Prüfung: 25. September 2024

Diese Dissertation ist auf den Internetseiten der Universitätsbibliothek online verfügbar.

ERGEBNISSE AUS DER PRODUKTIONSTECHNIK

Tae Hun Lee

Messung und Modellierung der thermo-elastischen Abweichungen von fünfachsigen Werkzeugmaschinen

Herausgeber:
Prof. Dr.-Ing. Dipl.-Wirt. Ing. G. Schuh
Prof. Dr.-Ing. C. Brecher
Prof. Dr.-Ing. R. H. Schmitt

Band 13/2025

WZL | RWTH AACHEN UNIVERSITY

Fraunhofer
IPT

Bibliografische Information der Deutschen Nationalbibliothek
Die Deutsche Nationalbibliothek verzeichnet diese Publikation in der Deutschen Nationalbibliografie; detaillierte bibliografische Daten sind im Internet über https://portal.dnb.de abrufbar.

Tae Hun Lee:

Messung und Modellierung der thermo-elastischen Abweichungen von fünfachsigen Werkzeugmaschinen

1. Auflage, 2025

Gedruckt auf holz- und säurefreiem Papier, 100% chlorfrei gebleicht.

Wissenschaftsverlag des Instituts für Industriekommunikation und Fachmedien an der RWTH Aachen
Steinbachstr. 25, 52074 Aachen, Deutschland
Internet: www.apprimus-verlag.de, E-Mail: info@apprimus-verlag.de

Druck: CPI Druckdienstleistungen GmbH
Ferdinand-Jühlke-Straße 7 | 99095 Erfurt | Deutschland

ISBN 978-3-98555-294-8

D 82 (Diss. RWTH Aachen University, 2024)

Danksagung

Zunächst möchte ich Herrn Univ.-Prof. Dr.-Ing. Christian Brecher meinen herzlichen Dank für die Förderung und Unterstützung meiner Arbeit aussprechen. Ebenso danke ich Herrn Univ.-Prof. Dr.-Ing. Steffen Ihlenfeldt für die Übernahme des Koreferats sowie Herrn Univ.-Prof. Dr.-Ing. Christian Hopmann für den Vorsitz der Prüfungskommission.

Herrn Dr.-Ing. Jan Behrens spreche ich meinen besonderen Dank aus für seine grundlegende Vorarbeit und die vertrauensvolle Weitergabe bestehender Erkenntnisse. Die enge Zusammenarbeit mit ihm war für mich stets motivierend und inspirierend. Ebenso danke ich Herrn Simon Charlier, mit dem ich zahlreiche anspruchsvolle Dienstreisen und Messaktivitäten durchführen durfte. Seine tatkräftige Unterstützung war für die in dieser Dissertation dargestellten Untersuchungen von großer Bedeutung.

Mein besonderer Dank gilt auch Herrn Tim Klinkhammer, der das Forschungsgebiet gemeinsam mit mir entscheidend vorangebracht hat. Darüber hinaus hat er mich maßgeblich beim Feinschliff meiner Ergebnisse unterstützt und zur finalen Ausgestaltung dieser Arbeit beigetragen.

Ebenfalls danke ich Herrn Dr.-Ing. Christoph Baum und Herrn Daniel Zontar, die mich während der Projektlaufzeit engagiert begleitet und mir den nötigen Freiraum eingeräumt haben, um das Forschungsthema eigenständig zu gestalten.

Ich danke außerdem den Studenten René Erich Müller, Jungmin Lim, Christian Ludwig, Seun-il Oh, Patrick Jagla und Marcio Sumariva Nandi für ihre engagierte Mitarbeit und wertvolle Unterstützung bei der Umsetzung dieser Arbeit.

Meinen tief empfundenen Dank richte ich an meine Eltern, Seung Yup Kim und Chang Eub Lee, sowie insbesondere an meine Frau Jee Hee Kim. Sie haben mir nicht nur den zeitlichen Freiraum für diese Dissertation ermöglicht, sondern mich auch in schwierigen Phasen stets ermutigt, nicht aufzugeben. Meinem Sohn Ian danke ich von Herzen für sein Dasein – es hat mir auf besondere Weise Kraft und Zuversicht gegeben.

Hamburg, 2025 Tae Hun Lee

Kurzzusammenfassung

Fünfachsige Werkzeugmaschinen weisen im Vergleich zu dreiachsigen Werkzeugmaschinen eine höhere Komplexität auf, was die Herausforderungen für das Erreichen einer hohen thermo-elastischen Genauigkeit erhöht. Ein Ansatz zur Erhöhung dieser Genauigkeit ist die Messung und Modellierung der thermo-elastischen Abweichungen.

Die thermo-elastischen Abweichungen von fünfachsigen Werkzeugmaschinen können jedoch bisher nur mit großem Mehraufwand gemessen werden, da die bisherigen Messmethoden durch die begrenzte Anzahl messbarer Abweichungen eingeschränkt sind und/oder eine lange Messdauer zur Messung schnell verändernder Abweichungen aufweisen. Eine neue Messmethode, der dynamische R-Test, ermöglicht es, die thermo-elastischen Abweichungen von fünfachsigen Werkzeugmaschinen in kurzer Zeit zu erfassen. Diese Methode reduziert die Messdauer gegenüber der bisherigen Methode erheblich, indem die Messdaten während der kontinuierlichen Bewegung aufgenommen werden. Die Methode ermöglicht somit eine Quasi-Momentaufnahme des Maschinenzustandes. Im Rahmen dieser Arbeit wird diese Messmethode entwickelt und anschließend zur Analyse des thermo-elastischen Verhaltens und zur Parametrierung eines Vorhersagemodells verwendet.

Zunächst wird die Messmethode einschließlich der Datenerfassungsmethode sowie der Modellierung- und Berechnungsmethode der thermo-elastischen Abweichungen entwickelt. Für das Vorhersagemodell werden die einzelnen Abweichungen mit einer PT1-Übertragungsfunktion parametriert, die Temperaturdaten sowie steuerungsinterne Daten als Eingangsdaten verwendet. Anschließend wird ein Messprozess für eine Demonstratormaschine entwickelt. Für die Messunsicherheitsanalyse werden zunächst die einzelnen Unsicherheitsquellen identifiziert und quantifiziert. Die Messunsicherheitsanalyse wird mit der Monte Carlo Methode sowie mit experimentellen Methoden durchgeführt. Mit dem entwickelten Messprozess können alle Lage- und Orientierungsabweichungen, alle Positionierabweichungen und alle Geradheitsabweichungen der Linearachsen innerhalb von ca. 5 Minuten optimal gemessen werden. Damit wird das Potential der Messmethode gegenüber dem Stand der Technik bestätigt. Anschließend wird eine detaillierte thermische Analyse der Demonstratormaschine durchgeführt, indem die Maschine mit verschiedenen Bewegungen belastet wird und der entwickelte Messprozess währenddessen wiederholt eingesetzt wird. Basierend auf den Messdaten wird das Vorhersagemodell parametriert. Der entwickelte Messprozess ermöglicht dabei eine detaillierte Analyse des thermo-elastischen Verhaltens sowie eine qualitative Parametrierung und Analyse des Vorhersagemodells, was mit den bisherigen Messmethoden nur eingeschränkt möglich war.

Basierend auf den gewonnenen Erkenntnissen wird der Messprozess auf eine zweite Demonstratormaschine übertragen. Dabei zeigen die Messunsicherheitsanalyse sowie die vereinfachte thermische Analyse und das parametrierte Vorhersagemodell ein ähnliches Ergebnis. Somit wird die Übertragbarkeit der Messmethode und deren Anwendungspotential an unterschiedlichen fünfachsigen Werkzeugmaschinen bestätigt.

Short Summary

Five-axis machine tools are more complex than three-axis machine tools, which increases the challenges of achieving high thermo-elastic accuracy. One approach to increase this accuracy is the measurement and modelling of thermo-elastic deviations.

However, the thermo-elastic deviations of five-axis machine tools can only be measured with great additional effort, as the previous measurement methods are restricted by the limited number of measurable errors and/or have a long measurement duration for measuring rapidly changing errors. A new measurement method, the dynamic R-test, makes it possible to record the thermo-elastic errors of five-axis machine tools in a short time. This method significantly reduces the measurement time compared to the previous method by recording the measurement data during continuous movement, thus enabling a quasi snapshot of the machine state. In this thesis, this measurement method is developed and subsequently used to analyse the thermo-elastic behaviour and to parameterise a prediction model.

First, the measurement method is developed, including the data acquisition method and the mathematical modelling and calculation method of the thermo-elastic errors. For the prediction model, the individual errors are parameterised with a PT1 transfer function, which uses temperature and controller-internal data as input data. A measurement process is then developed for a demonstrator machine. For the measurement uncertainty analysis, the individual sources of uncertainty are first identified and quantified. The measurement uncertainty analysis is carried out using the Monte Carlo method and experimental methods. With the developed measurement process, all location and orientation errors, all positioning errors and all straightness errors of the linear axes can be optimally measured within approx. 5 minutes. This confirms the potential of the measurement method compared to the state of the art. A detailed thermal analysis of the demonstrator machine is then carried out by loading the machine with various movements and using the developed measurement process repeatedly. The prediction model is parameterised based on the measurement data. The developed measurement process enables a detailed analysis of the thermo-elastic behaviour as well as a qualitative parameterisation and analysis of the prediction model, which was not or only possible to a limited extent with the previous measurement methods.

Based on the knowledge gained, the measurement process is transferred to a second demonstrator machine. The measurement uncertainty analysis as well as the simplified thermal analysis and the parameterised prediction model show a similar result. This confirms the transferability of the measurement method and its potential for application on different five-axis machine tools.

Inhaltsverzeichnis

Content

1 Einleitung 1

2 Stand der Technik in Forschung und Industrie 5

2.1 Geometrische Abweichungen in Werkzeugmaschinen 7
2.2 Thermo-elastisches Verhalten von Werkzeugmaschinen 10
2.3 Methode zur Messung thermo-elastischer Abweichungen 12
2.3.1 Direkte Messmethode 14
2.3.2 Indirekte Messmethode 14
2.3.3 Zusammenfassung 26
2.4 Modellierungsmethode der thermo-elastischen Abweichungen 28
2.5 Forschungsbedarf 29
2.6 Mathematische Grundlagen 30
2.6.1 Kinematische Modellierung 30
2.6.2 B-Spline 32
2.6.3 Lösungsverfahren linearer Gleichungssysteme 32
2.6.4 Levenberg-Marquardt 34

3 Zielsetzung und Aufgabenstellung 37

4 Modellbildung 39

4.1 Methode zur Messung von Abweichungen von fünfachsigen Werkzeugmaschinen 39
4.1.1 Messystem 39
4.1.2 Dynamischer R-Test 40
4.1.3 Geometrisch-kinematische Modellierung der Werkzeugmaschine 44
4.1.4 Messung von thermo-elastischen Abweichungen 50
4.2 Modellierung des thermo-elastischen Verhaltens 51
4.2.1 Eingangsgrößen für die Modellierung 51
4.2.2 Modellierung der thermo-elastischen Abweichungen 52
4.3 Bestimmung der thermischen Modellparameter 53
4.3.1 Berechnung mit Levenberg-Marquardt-Methode 53
4.3.2 Zuordnung der Temperatursensoren 55
4.3.3 Zuordnung der steuerungsinternen Daten 57
4.4 Fazit 57

5 Untersuchung der Messmethode 59

5.1 Demonstratormaschine 59
5.2 Entwicklung des Messprozesses 60
5.3 Monte Carlo Methode 67
5.3.1 Quelle der Messunsicherheit 68
5.3.2 Methode zur Messunsicherheitsanalyse 70

5.4 Analyse der Messunsicherheit für thermo-elastische Abweichungen. 71
5.4.1 Variation der Modellparameter für die Messmethode 71
5.4.2 Quantifizierung der Messunsicherheit 73
5.4.3 Methode zur Validierung der Ergebnisse 79
5.4.4 Ergebnisse der Monte Carlo Methode 80
5.4.5 Experimentelle Validierung der Ergebnisse 83
5.5 Fazit 88

6 Thermische Untersuchung des Bearbeitungszentrums 91

6.1 Versuchsaufbau 91
6.1.1 Versuchsmethode 91
6.1.2 Integration der Messtechnik 92
6.2 Charakterisierung des thermo-elastischen Verhaltens 94
6.2.1 Thermo-elastisches Verhalten durch Belastungen von Linearachsen 95
6.2.2 Thermo-elastisches Verhalten durch Belastungen von Rotationsachsen 100
6.2.3 Analyse der steuerungsinternen Daten 102
6.2.4 Zwischenfazit 103
6.3 Modellierung des thermo-elastischen Verhaltens 104
6.3.1 Analyse unter Einzelachsbelastungen 107
6.3.2 Analyse unter kombinierten Belastungen 110
6.3.3 Analyse der Ergebnisse 112
6.3.4 Fazit 114

7 Übertragung der Erkenntnisse auf eine weitere Werkzeugmaschine 117

7.1 Beschreibung des Versuchsaufbaus 117
7.2 Analyse der Messunsicherheit 118
7.3 Thermische Untersuchung 123
7.3.1 Analyse des thermo-elastischen Verhaltens 123
7.3.2 Modellierung des thermo-elastischen Verhaltens 125
7.4 Fazit 128

8 Zusammenfassung und Ausblick 131

9 Literaturverzeichnis 137

10 Anhang 147

Formelzeichen und Abkürzungsverzeichnis

Formula Symbols and Abbreviations

Abkürzungen

A	Rotation um eine Bezugsachse in X-Richtung
B	Rotation um eine Bezugsachse in Y-Richtung
C	Rotation um eine Bezugsachse in Z-Richtung
CFK	Carbon Fiber Reinforced Plastic (Kohlenstofffaserverstärkter Kunststoff)
CNC	Computerized Numerical Control
RMSE	Root Mean Square Error
SVD	Singulärwertzerlegung (Singular Value Decomposition)
TCP	Werkzeugreferenzpunkt (Tool-Center-Point)
X	Translation entlang einer Bezugsachse in X-Richtung
X^a	X-Koordinatenachse im Referenzkoordinatensystem
X_N	X-Koordinatenachse in einem Maschinenkoordinatensystem
Y	Translation entlang einer Bezugsachse in Y-Richtung
Y^a	Y-Koordinatenachse im Referenzkoordinatensystem
Y_N	Y-Koordinatenachse in einem Maschinenkoordinatensystem
Z	Translation entlang einer Bezugsachse in Z-Richtung
Z^a	Z-Koordinatenachse im Referenzkoordinatensystem
Z_N	Z-Koordinatenachse in einem Maschinenkoordinatensystem

Formelzeichen

a	mm, °	Position der Achse
b	-	Ausgangsvektor
$b(t_0), b(t_n)$	mm	Ausgangsvektor (Messdaten) zu Zeitpunkt t_0 und t_n
C	-	Kovarianzmatrix
c_{ij}	-	Elemente der Kovarianzmatrix C
$C(u)$	-	B-Spline Funktion
E_j	µm, µrad	Werte der j-ten Abweichung
$E_{Y0A}, Y0A, E_{Z0A}, Z0A$	µm	Lageabweichungen der A-Achse
$E_{B0A}, B0A, E_{C0A}, C0A$	µrad	Orientierungsabweichungen der A-Achse
$E_{A0A}, A0A$	µrad	Abweichung der Nullposition der A-Achse
E_{AA}, EAA	µrad	Positionierabweichungen der A-Achse
E_{YA}, EYA, E_{ZA}, EZA	µm	Rundlaufabweichung der A-Achse
E_{XA}, EXA	µm	Axiale Rundlaufabweichung der A-Achse
E_{BA}, EBA, E_{CA}, ECA	µrad	Taumelabweichungen der A-Achse
$E_{X0B}, X0B, E_{Z0B}, Z0B$	µm	Lageabweichungen der B-Achse
$E_{A0B}, A0B, E_{C0B}, C0B$	µrad	Orientierungsabweichungen der B-Achse
$E_{B0B}, B0B$	µrad	Abweichung der Nullposition der B-Achse
E_{BB}, EBB	µrad	Positionierabweichungen der B-Achse
E_{XB}, EXB, E_{ZB}, EZB	µm	Rundlaufabweichung der B-Achse
E_{YB}, EYB	µm	Axiale Rundlaufabweichung der B-Achse
E_{AB}, EAB, E_{CB}, ECB	µrad	Taumelabweichungen der B-Achse
$E_{X0C}, X0C, E_{Y0C}, Y0C$	µm	Lageabweichungen der C-Achse
$E_{A0C}, A0C, E_{B0C}, B0C$	µrad	Orientierungsabweichungen der C-Achse
$E_{C0C}, C0C$	µrad	Abweichung der Nullposition der C-Achse
E_{CC}, ECC	µrad	Positionierabweichungen der C-Achse
E_{XC}, EXC, E_{YC}, EYC	µm	Rundlaufabweichung der C-Achse
E_{ZC}, EZC	µm	Axiale Rundlaufabweichung der C-Achse
E_{AC}, EAC, E_{BC}, EBC	µrad	Taumelabweichungen der C-Achse
$E_{R0T}, R0T, E_{Z0T}, Z0T$	µm	Radius- und Höhenabweichung des Tisches
$E_{C0X}, C0X, E_{B0X}, B0X$	µrad	Orientierungsabweichung der X-Achse (Rechtwinkligkeitsabweichung)
$E_{X0X}, X0X$	µm	Abweichung der Nullposition der X-Achse
E_{XX}, EXX	µm	Positionierabweichungen der X-Achse

E_{YX}, EYX, E_{ZX}, EZX	µm	Geradheitsabweichungen der X-Achse
E_{AX}, EAX, E_{BX}, EBX E_{CX}, ECX	µrad	Rollen, Nicken, Gieren der X-Achse
E_{A0Y}, $A0Y$, E_{C0Y}, $C0Y$	µrad	Orientierungsabweichung der Y-Achse (Rechtwinkligkeitsabweichung)
E_{Y0Y}, $X0Y$	µm	Abweichung der Nullposition der Y-Achse
E_{YY}, EYY	µm	Positionierabweichungen der Y-Achse
E_{XY}, EXY, E_{ZY}, EZY	µm	Geradheitsabweichungen der Y-Achse
E_{BY}, EBY, E_{AY}, EAY E_{CY}, ECY	µrad	Rollen, Nicken, Gieren der Y-Achse
E_{A0Z}, $A0Z$, E_{B0Z}, $B0Z$	µrad	Orientierungsabweichung der Z-Achse (Rechtwinkligkeitsabweichung)
E_{Z0Z}, $Z0Z$	µm	Abweichung der Nullposition der Z-Achse
E_{ZZ}, EZZ	µm	Positionierabweichungen der Z-Achse
E_{XZ}, EXZ, E_{YZ}, EYZ	µm	Geradheitsabweichungen der Z-Achse
E_{CZ}, ECZ, E_{AZ}, EAZ E_{BZ}, EBZ	µrad	Rollen, Nicken, Gieren der Z-Achse
e	-	Abweichung
F, $F(m^{(s)})$	-	Residualvektor (mit w gewichtet)
f_t, $f_t(m^{(s)})$	-	t-te Einheit des Residualvektors F
G, $G(m^{(s)})$	-	Modellfunktion, welche die Messdaten d schätzt
G_S	-	Geschätzte Modellfunktion
$G(t)$	µm, µrad	Geometrische Abweichung zu Zeitpunkt t
$g_i(t)$	µm, µrad	Teil der geometrischen Abweichung resultierend aus den Eingangsdaten υ_i
I	-	Einheitsmatrix
I_M	A	Motorstrom
J, $J(m^{(s)})$	-	Jacobi-Matrix von F
K_i	-	Proportionaler Modellparameter der i-ten Eingangsdaten
K_S	-	Geschätzte Modellparameter
$\vec{K}$	-	Vektor der Modellparameter
k	-	Lösungsvektor
L	mm	3x1-Vektor für die Transformation der Lage
L_t	mm	Vektor vom Referenzkoordinatensystem zum TCP
L_w	mm	Vektor vom Referenzkoordinatensystem zum Werkstück

L_i, L_j	-	Punkt im Koordinatensystem i und j
l_x, l_y, l_z	-	Transformation der Lage in X, Y, und Z
M	-	Systemmatrix der Eingangsdaten
M^+	-	Pseudoinverse der Systemmatrix M
M_M	Nm	Drehmoment eines Motors
$m_1, \dots m_n$	-	1-te … n-te Messposition
$m^{(0)}$	-	Anfangswerte der Modellparameter
$m^{(k)}$	-	Modellparameter im k-ten Optimierungsschritt
δm	-	Änderung der Modellparameter m
N	-	Anzahl der gewählten Eingänge
$N_{i,p}(u)$	-	B-Spline Basisfunktion
P_i	-	B-Spline Kontrollpunkt
$P_{EXX,1}$	-	Erster Kontrollpunkt der Abweichung EXX
P_{Z0A}	-	Kontrollpunkt der Abweichung Z0A
p	-	Spline-Grad
$pos(t)$	mm, °	Position zu Zeitpunkt des t-ten Datenpunkts
R	-	3x3-Matrix für die Transformation der Orientierung
r	-	Residuen des Ausgleichsproblems
$r_1, r_2, \dots, r_9$	-	Matrixeinheiten in der Matrix R
S	-	Diagonalmatrix der Singulärwerte
S^+	-	Pseudoinverse der Diagonalmatrix S
s_i, s_k	-	Singulärwerte
$s_1, s_2, \dots, s_R, s_p$	-	Singulärwerte der Systemmatrix M
T	-	Homogene Transformationsmatrix
T_{ist}	-	Ist-Transformation
T_{kette}	-	Transformation kinematischer Kette
T_{soll}	-	Soll-Transformation
T_t, T_w	-	Werkzeugseitige und werkstückseitige Transformation
$T_{t1}, \dots T_{tn}$	-	Transformation der werkzeugseitigen Achsen
T_{ts}	-	Transformation von der letzten Achse zum TCP
T_{wb}	-	Transformation von der letzten Achse zum Werkstück
$T_{w1}, \dots T_{wn}$	-	Transformation der werkstückseitigen Achsen
$T(x_e)$, $T(y_e)$, $T(z_e)$	-	Transformation der Bewegungsabweichungen x_e, y_e, z_e
$T(\alpha_e)$, $T(\beta_e)$, $T(\gamma_e)$	-	Transformation der Bewegungsabweichungen α_e, β_e, γ_e

${}^{i}_{j}T$	-	Transformationsmatrix vom Koordinatensystem i in j
${}^{i}_{j}T_A$	-	Transformation einer Achse
${}^{i}_{j}T_e$	-	Transformationsmatrix für die Abweichungen
${}^{i}_{j}T_p$	-	Transformation für die relative Lage und Orientierung
${}^{i}_{j}T_{pe}$	-	Transformation für die Lage- und Orientierungsabweichung
${}^{i}_{j}T_s$	-	Transformation für die Bewegung der Achse
${}^{i}_{j}T_{se}$	-	Transformation für die Bewegungsabweichungen
${}_{sensor}T_{sensor\text{-}Kugel}$	-	Transformation von der Kugel zum Sensor im Sensorkoordinatensystem
$\delta T(E)$	-	Linearisierte Transformation für die Abweichung E
$\delta T(x)$, $\delta T(y)$, $\delta T(z)$	-	Linearisierte Transformation für die translatorische Abweichungen
$\delta T(\alpha)$, $\delta T(\beta)$, $\delta T(\gamma)$	-	Linearisierte Transformation für die rotatorischen Abweichungen
$\delta{}^{i}_{j}T_e$	-	Linearisierte Abweichungstransformation
t_0, t_n	-	0-ter und n-ter Datenpunkt
$t(t)$	s	Uhrzeit zu Zeitpunkt des t-ten Datenpunkts
U	-	Orthogonaler Matrix für SVD
u	-	Element der B-Spline Funktion $C(u)$
u_i	-	B-Spline Knotenpunkte
V	-	Orthogonaler Matrix für SVD
$velo(t)$	mm/s, °/s	Geschwindigkeit zu Zeitpunkt des t-ten Datenpunkts
v_{ik}, v_{jk}	-	Einheiten der orthogonalen Matrix V
v_x, v_y, v_z	mm	Abstand am TCP in X, Y und Z
$v_x(m_n)$	mm	Abstand am TCP an der n-ten Messposition in X
w	-	Gewichtung für Levenberg-Marquardt-Methode
x, y, z	mm	Wert einer Verschiebung in X, Y bzw. Z
x_e, y_e, z_e	mm	Translatorische Abweichung in X, Y bzw. Z
α, β, γ	°	Winkel einer Rotation um X, Y bzw. Z
α_e, β_e, γ_e	µrad	Rotatorische Abweichung um X, Y bzw. Z
ε	-	Vektor der gemessenen Daten
κ	-	Einflussfaktor
$\kappa_{x,n}$	-	Einflussfaktor des n-ten Koeffizient in X

λ	-	Berechnungsparameter für Levenberg-Marquardt-Methode
λ_i	-	Eigenwerte
σ	-	Standardabweichung
τ_i	-	Zeitkonstante der i-ten Eingangsdaten
$\upsilon_i(t)$	-	Eingangsdaten zu Zeitpunkt t beim i-ten gewählten Sensor
Φ	Nm/A	Drehmomentkonstante eines Motors

1 Einleitung

In den letzten Jahren sind die Anforderungen an die Fertigungsanwendungen von der Automobilindustrie bis zur Luft- und Raumfahrt, von großen Turbinen für Flugzeuge über medizintechnische Miniaturgeräte, von täglichen Reparaturwerkzeugen bis zu wissenschaftlichen Forschungsinstrumenten erheblich angestiegen. Hierbei beeinflusst die Fertigungsgenauigkeit nicht nur die Qualität und Effizienz der Produkte, sondern wirkt sich auch auf die Sicherheitsmerkmale aus.

In der Produktionstechnik werden zur Fertigung präziser und komplexer Werkstücke überwiegend fünfachsige Werkzeugmaschinen eingesetzt. Diese zeichnen sich gegenüber dreiachsigen Werkzeugmaschinen durch eine bessere Automatisierbarkeit bzw. Zugänglichkeit der Werkstücke aus, indem komplexe Bauteilgeometrien ohne Umspannen gefertigt werden können. Allerdings bestehen fünfachsige Werkzeugmaschinen aufgrund der zusätzlichen Achsen aus mehr Maschinenkomponenten. Daher weisen sie eine höhere Komplexität auf, was die Herausforderungen an die Konstruktion, die Steuerung und das Erreichen einer hohen Genauigkeit im Vergleich zu dreiachsigen Werkzeugmaschinen erhöht.

Jede Werkzeugmaschine weist aufgrund der geometrischen Toleranzen sowie der thermischen und dynamischen Eigenschaften der Maschinenkomponenten individuelle Fehler auf, die häufig zu großen Ungenauigkeiten bei der Bearbeitung der Werkstücke führen. Insgesamt sind bis zu 75% der geometrischen Abweichungen der Werkstücke auf thermo-elastische Strukturverformungen zurückzuführen [MAYR12]. Die Beherrschung der thermo-elastischen Verformungen bietet somit ein enormes Potential, die Genauigkeit von Werkzeugmaschinen zu erhöhen und damit den Anforderungen der Industrie gerecht zu werden.

Nach dem aktuellen Stand der Technik existieren bereits Ansätze zur Modellierung thermo-elastischer Abweichungen. Jedoch wurden die Modellierungsmethoden meistens für Linearachsen, Drehmaschinen sowie dreiachsigen Werkzeugmaschinen durchgeführt. Die thermo-elastischen Abweichungen von fünfachsigen Werkzeugmaschinen können hingegen bisher nur mit großem Mehraufwand modelliert werden, da die Messmethoden oft durch die begrenzte Anzahl messbarer Abweichungen eingeschränkt sind und/oder sich die geometrischen Abweichungen der fünfachsigen Kinematik nicht innerhalb einer kurzen Zeit messen lassen. Mit den meisten Ansätzen ist es dadurch nicht möglich, die thermo-elastischen Abweichungen im gesamten Arbeitsraum der fünfachsigen Werkzeugmaschine volumetrisch zu modellieren.

Eine neue Messmethode, der dynamische R-Test, hat das Potenzial, innerhalb einer kurzen Zeit die geometrischen Abweichungen im gesamten Arbeitsraum fünfachsiger Werkzeugmaschinen zu erfassen. Dabei werden Messkugeln auf dem Arbeitstisch der Maschine befestigt. Über den Arbeitsraum verteilt wird entlang verschiedener Maschinenbewegungen der Abstand zu den Messkugeln mittels eines Abstandssensors am Tool-Center-Point (TCP) gemessen. Mit Hilfe eines kinematischen Modells kann dann auf die Abweichungen der einzelnen Achsen geschlossen werden. Der wesentliche

Unterschied zur bisherigen Messmethode, dem statischen R-Test, besteht darin, dass beim dynamischen R-Test die Messdaten kontinuierlich während der dynamischen Bewegung der Maschine aufgenommen werden. Diese Methode reduziert die Messdauer erheblich, sodass die Messung potentiell eine Momentaufnahme des Maschinenzustandes liefert, die für die Analyse des thermo-elastischen Verhaltens verwendet werden kann. Allerdings müssen die Messdaten mit einer geeigneten Methode zu den zugehörigen Positionen der Achsen synchronisiert werden, was eine zusätzliche Unsicherheit darstellt. Außerdem stellt die dynamische Bewegung der Maschine durch auftretende Nichtlinearitäten eine weitere Unsicherheitsquelle dar.

Im Rahmen dieser Arbeit werden die Messmethode des dynamischen R-Tests sowie ein entsprechender Messprozess einschließlich der Erfassungsmethode der Positions- und Messdaten entwickelt und optimiert. Basierend auf der simulativen sowie experimentellen Analyse wird die Messunsicherheit des Messprozesses bestimmt, der aufgrund seiner kurzen Messdauer eine volumetrische Momentaufnahme der thermo-elastischen Abweichungen ermöglicht. Der entwickelte Messprozess wird zunächst an einer fünfachsigen Werkzeugmaschine angewendet. Unter verschiedenen Belastungen der Achsen sowie Abkühlvorgängen wird der Messprozess wiederholt eingesetzt, um das Verhalten dieser Werkzeugmaschine zu messen und zu analysieren. Anschließend wird mit den gemessenen thermo-elastischen Abweichungen sowie den Temperaturdaten und steuerungsinternen Daten der Maschine ein Modell basierend auf PT1-Transferfunktionen parametriert, mit dem das thermo-elastische Verhalten vorhergesagt werden kann. Die Qualität der Modellierung wird mit unabhängigen Messdatensätzen validiert.

Die nach dem Stand der Technik bekannten Mess- und Modellierungsmethoden thermo-elastischer Abweichungen, sowie die in dieser Arbeit verwendeten mathematischen Methoden werden in Kapitel 2 beschrieben. Anschließend wird in Kapitel 3 die Forschungsfrage formuliert, die in dieser Arbeit beantwortet werden soll. Die Grundlagen der in dieser Arbeit verwendeten Messmethode geometrischer bzw. thermo-elastischer Abweichungen von Werkzeugmaschinen sowie der phänomenologischen Modellierungsmethode werden in Kapitel 4 beschrieben. Der Messprozess wird in Kapitel 5 für eine Werkzeugmaschine entwickelt und sowohl simulativ als auch experimentell validiert. In Kapitel 6 wird der Messprozess dann zur Analyse und Modellierung des thermo-elastischen Verhaltens der Maschine eingesetzt. Hier werden die Ergebnisse sowie das Potential des entwickelten Messprozesses analysiert. In Kapitel 7 wird der Messprozess an einer weiteren fünfachsigen Werkzeugmaschine getestet, um die grundsätzliche Übertragbarkeit zu validieren. Abschließend wird die Arbeit in Kapitel 8 zusammengefasst und ein Ausblick für weitere Untersuchungen gegeben.

Introduction

In recent years, the demands on manufacturing applications have increased considerably, from the automotive industry to aerospace, from large turbines for aircraft to miniature medical devices, and from daily repair tools to scientific research instruments. Especially, The manufacturing accuracy not only influences the quality and efficiency of the products, but also has a direct impact on safety requirements.

In production engineering, the five-axis machine tools are used predominantly for the manufacture of precise and complex workpieces. Compared to three-axis machine tools, they have great advantages in automation capability and workpiece accessibility, as complex component geometries can be manufactured without reclamping. However, five-axis machine tools consist of more machine components due to the additional axes. Therefore, they have a higher complexity, which increases the challenges for design, control and achieving high accuracy compared to three-axis machine tools.

Each machine tool has individual errors due to the geometric tolerances and the thermal and dynamic properties of the machine components, which often lead to large inaccuracies in the machining of the workpieces. Overall, up to 75% of the geometric deviations of the workpieces can be traced back to thermo-elastic deformations [MAYR12]. The control of thermo-elastic deformations thus offers enormous potential to increase the accuracy of workpieces and to meet the requirements of the industry as well.

According to the current state of the art, approaches for modelling thermo-elastic deviations already exist. However, the modelling methods have mostly been carried out for linear axes, turning lathes and three-axis machine tools. The thermo-elastic deviations of five-axis machine tools, on the other hand, can so far only be modelled with great additional effort, since the measurement methods are often restricted by the limited number of measurable geometric errors and/or these errors of five-axis kinematics cannot be measured within a short time. As a result, it is not possible with most approaches to model the thermo-elastic errors volumetrically in the entire working volume of the five-axis machine tool.

A new measurement method, the dynamic R-Test, has the potential to measure the geometric errors in the entire working volume of five-axis machine tools within a short time. Measuring balls are attached to the work table of the machine. Distributed over the workspace, the distance to the measuring balls is measured along different machine movements by means of a distance sensor at the tool centre point. With the help of a kinematic model, each geometric error of the individual axes can then be calculated. The essential difference of the dynamic R-Test from the previous measurement method, i.e., the static R-Test, is that the measurement data is recorded continuously during the dynamic movement of the machine. Thus, this method significantly reduces the measurement duration so that the measurement potentially provides a snapshot of the machine state which can be used for the analysis of the thermo-elastic behaviour. However, the sensor data must be synchronised to the corresponding positions of the axes using a suitable method, which represents an additional uncertainty. Furthermore, the dynamic movement of the machine is, due to occurring non-linearities, another source of uncertainty.

Within the scope of this thesis, a measurement method of the dynamic R-Test as well as a corresponding measurement process including the data acquisition method of the position and sensor data are developed and optimized. Based on the simulative and experimental analysis, the measurement uncertainty of the measurement process is determined, which enables a volumetric snapshot of the thermo-elastic errors due to its short measurement duration. The developed measurement process is first applied to a five-axis machine tool. Under different loads on the axes and cooling processes, the measurement process is used repeatedly to measure and analyse the behaviour of this machine tool. Subsequently, a model based on PT1 transfer functions is parametrized using the measured thermo-elastic errors as well as the temperature data and controller-internal data of the machine tool, with which the thermo-elastic behaviour can be predicted. The quality of the modelling is validated with independent measurement data sets.

The known state-of-the-art measurements and modelling methods of thermo-elastic errors, as well as the mathematical methods used in this thesis, are described in Chapter 2. Subsequently, in Chapter 3, the research hypotheses are formulated, which are to be answered in this thesis. The basics of the methods to measure geometric and thermo-elastic errors of machine tools used in this thesis as well as the phenomenological modelling method are described in Chapter 4. The measurement process is developed for a machine tool in Chapter 5 and validated both with simulation and experiments. In Chapter 6 the measurement process is then used to analyse and model the thermo-elastic behaviour of the machine tool. Here the results and the potential of the developed methods are discussed. In Chapter 7, the developed methods are applied to another five-axis machine tool to validate the basic transferability. Finally, the summary of the work and an outlook for further investigations are given in Chapter 8.

2 Stand der Technik in Forschung und Industrie

State of the art in research and industry

Zur spanenden Bearbeitung von Materialien werden Werkzeugmaschinen eingesetzt. Hierbei sind fünfachsige Werkzeugmaschinen ein häufig eingesetzter Maschinentyp, der in der Regel aus drei orthogonal zueinanderstehenden Linearachsen und zwei Rotationsachsen mit unterschiedlichen Drehrichtungen besteht. Im Vergleich zu dreiachsigen Werkzeugmaschinen bieten fünfachsige Werkzeugmaschinen einen hohen Automatisierungsgrad, da Werkstücke mit komplexen Geometrien ohne Umspannen gefertigt werden können. Die fünfachsigen Werkzeugmaschinen werden nach der Anordnung sowie Reihenfolge der Linear- und Rotationsachsen unterteilt [BREC19a]. Die industriell am häufigsten eingesetzten fünfachsigen Werkzeugmaschinen sind die Maschinen mit einem Drehschwenktisch (Bild 2.1 links). Diese Maschinentypen bieten eine hohe Flexibilität und Produktivität bei gleichzeitig kompakter Bauweise. Das Verhältnis von Arbeitsvolumen zu Aufstellfläche ist bei diesen Maschinen groß. Daher werden diese Maschinentypen in der Einzelteil-, Kleinserien und Serienfertigung in verschiedenen Branchen wie dem Prototypen-, Werkzeug- und Formenbau sowie der Automobil- und Luftfahrtindustrie eingesetzt. Insbesondere Bauteile wie Turbinenschaufeln oder Blisks (Blade intergrated disks) werden mit solchen fünfachsigen Werkzeugmaschinen bearbeitet (Bild 2.1 rechts), da die Bearbeitung solch komplexer Geometrien mit dreiachsigen Werkzeugmaschinen aufgrund der begrenzten Freiheitsgrade der Maschinenbewegung und der Zugänglichkeit des Werkstücks oft nur mit großem Aufwand möglich ist.

Bild 2.1: Eine fünfachsige Werkzeugmaschine mit einem Drehschwenktisch von der Firma Alzmetall (links) und Bearbeitung einer Blisk auf einer fünfachsigen Werkzeugmaschine (rechts)

A five-axis machining centre with a rotary swivel table from Alzmetall (left) and machining of a blisk on a five-axis machine tool (right)

Allerdings stellen fünfachsige Werkzeugmaschinen im Vergleich zu dreiachsigen Werkzeugmaschinen eine größere Herausforderung bei der Sicherstellung der Genauigkeit dar, da die durch die Rotationsachsen gewonnenen Freiheitsgrade zusätzliche

Fehlerquellen darstellen [RAUC10]. Die Fehlerquellen, die die Genauigkeit des relativen Endeffektors sowie des zu fertigenden Bauteils beeinflussen, lassen sich wie folgt unterteilen [SCHW08]:

- Kinematische Abweichung
- Thermo-mechanische Abweichung
- Statische Belastung
- Dynamische Kraft
- Bewegungssteuerung und Steuerungssoftware

Die geometrische Genauigkeit stellt dabei die Grundgenauigkeit der Maschine dar. Die systematischen, geometrischen Abweichungen [ISO12] werden bei der Inbetriebnahme der Maschine, nach einem Crash oder in regelmäßigen Abständen messtechnisch überprüft und gegebenenfalls steuerungstechnisch kompensiert. Dieser Vorgang wird häufig als „Kalibrierung" bezeichnet. In der Industrie existieren bereits verschiedene Messverfahren, mit denen die Abweichungen einer fünfachsigen Werkzeugmaschine gemessen werden können. Fünfachsige Werkzeugmaschinen weisen jedoch verschiedene Arten von Abweichungen (s. Kapitel 2.1) auf, die oft nicht mit einem Messaufbau gemessen werden können. Um alle Abweichungen zu messen, ist daher ein großer Aufwand und die Kombination verschiedener Messmittel erforderlich. Die Kalibrierung einer fünfachsigen Werkzeugmaschine ist daher oft sehr zeitaufwändig. In den letzten Jahren wurden neue Kalibriermethoden für fünfachsige Werkzeugmaschinen entwickelt [SCHW08, BRIN07, FLOR16]. Diese Methoden zeichnen sich gegenüber den konventionellen Methoden durch eine einfachere Bedienungsmöglichkeit sowie eine kürzere Messdauer aus und vereinfachen somit die Kalibrierung.

Trotz erfolgreicher Kalibrierung ändert sich die geometrische Genauigkeit einer Werkzeugmaschine während der Nutzung aufgrund ihres thermischen Verhaltens. Mit bis zu 75 % wird der größte Anteil der Werkstückabweichungen durch die thermo-elastischen Strukturverformungen verursacht [MAYR12]. Zur Quantifizierung dieser thermoelastischen Abweichungen ist eine Messmethode erforderlich, die unterschiedliche Anforderungen erfüllt (s. Kapitel 2.3). Die Entwicklung einer solchen geeigneten Messmethode für eine fünfachsige Werkzeugmaschine ist aufgrund der Vielzahl an unterschiedlichen Abweichungen und deren komplexen Zusammenhängen eine besondere Herausforderung.

Diese Arbeit konzentriert sich auf die Entwicklung und Validierung eines Messprozesses zur schnellen Messung der thermo-elastischen Abweichungen und auf die anschließende Analyse sowie Umsetzung der Modellierungsmethode zur Vorhersage der thermo-elastischen Abweichungen. Dieses Kapitel gibt einen Überblick über den Stand der Technik auf diesem Gebiet. Der Schwerpunkt liegt dabei auf der Anwendung auf fünfachsigen Werkzeugmaschinen. Zunächst werden in Kapitel 2.1 die geometrischen Abweichungen in Werkzeugmaschinen beschrieben, da die thermo-elastische Abweichungen den zeitlichen Änderungen der geometrischen Abweichungen entsprechen. Anschließend wird in Kapitel 2.2 das thermo-elastische Verhalten von Werkzeugmaschinen dargestellt, bevor in Kapitel 2.3 verschiedene Methoden zur Messung dieser Abweichungen erläutert werden. In Kapitel 2.4 wird die Modellierungsmethode des thermo-elastischen Verhaltens mit einer Übertragungsfunktion vorgestellt. Aus dem Stand der Technik wird in Kapitel 2.5 der Bedarf an weiteren Forschungen abgeleitet. Abschließend werden in Kapitel 2.6 die mathematischen Grundlagen erläutert, die im Kapitel 4 zur Modellbildung verwendet werden.

2.1 Geometrische Abweichungen in Werkzeugmaschinen

Geometric errors in machine tools

Geometrische Abweichungen werden in positionsabhängige Bewegungsabweichungen und in skalare Lage- und Orientierungsabweichungen unterteilt. Diese beiden Arten der Abweichungen werden zunächst beschrieben.

Jede Achse besitzt drei translatorische und drei rotatorische Bewegungsabweichungen. Dabei beziehen sich die Bewegungsabweichungen der Linearachse auf eine Referenzlinie, die in Richtung der Bewegungsachse definiert ist. Die Referenzlinie ist dabei die gemittelte räumliche Lage der Achsbewegungen. Das Referenzkoordinatensystem der Abweichungen wird somit durch die Referenzlinie und zwei weitere orthogonale Richtungen (X^a, Y^a, Z^a) definiert. Die longitudinale Bewegungsabweichung entlang der Referenzlinie der Achse wird als Positionierabweichung (E_{XX}) und die beiden transversalen Bewegungsabweichungen als Geradheitsabweichungen (E_{YX}, E_{ZX}) bezeichnet (s. Bild 2.2). Darüber hinaus gibt es drei rotatorische Bewegungsabweichungen um die jeweilige Koordinatenrichtung. Im Falle von Bild 2.2 beschreibt E_{AX} das Rollen, E_{BX} das Nicken und E_{CX} das Gieren der X-Achse [ISO12].

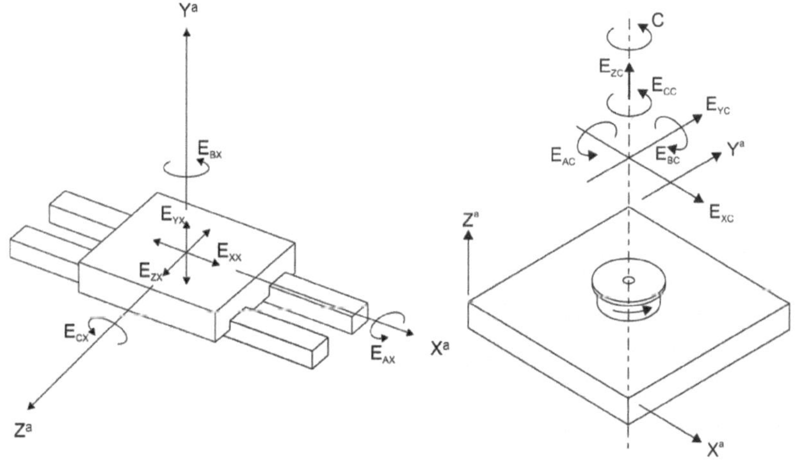

Bild 2.2: Bewegungsabweichungen einer Linearachse in X-Richtung (links) und einer Rotationsachse in C-Richtung (rechts) [ISO12]

Error motions of a linear axis in X-direction (left) and a rotary axis in C-direction (right) [ISO12]

Die Rotationsachsen weisen, wie die Linearachsen, Fehler auf, die in sechs Freiheitsgeraden ausprägen. Die zugehörige Referenzlinie steht senkrecht im Zentrum der Rotationsachse. Das Referenzkoordinatensystem dreht sich bei Rotationsachsen nicht mit. Die Bewegungsabweichungen beziehen sich somit immer auf das Referenzkoordinatensystem. So beschreibt E_{CC} in Bild 2.2 die Positionierabweichung der Rotationsachse in C-Richtung. Die beiden anderen rotatorischen Abweichungen E_{AC} und E_{BC} beschreiben die Taumelbewegung der C-Achse um die jeweils zugehörigen Koordinatenrichtungen. Die drei translatorischen Bewegungsabweichungen E_{XC}, E_{YC} und E_{ZC} beschreiben die Rundlaufabweichungen der C-Achse [ISO12]. Nachfolgend werden die Bewegungsabweichungen vereinfacht notiert, indem auf die Tiefstellung der Indizes verzichtet wird (z.B. E_{AA} = EAA).

Neben den sechs Bewegungsabweichungen pro Achse existieren zusätzlich Lage- und Orientierungsabweichungen zwischen den Referenzlinien der Achsen und dem definierten Maschinenkoordinatensystem (X^N, Y^N, Z^N). Die Referenzlinie einer Linearachse in Y-Richtung lässt sich mit zwei Orientierungsabweichungen E_{A0Y} und E_{C0Y} (Rechtwinkligkeitsabweichungen) und einer Lageabweichung E_{Y0Y} (Null-Positionsabweichung) vollständig definieren. Analog dazu lässt sich die Referenzlinie einer Rotationsachse in C-Richtung mit zwei Lageabweichungen E_{X0C}, E_{Y0C} und drei Orientierungsabweichungen E_{A0C}, E_{B0C} (Rechtwinkligkeitsabweichungen) sowie E_{C0C} (Null-Positionsabweichung) vollständig beschreiben. Nachfolgend werden diese Abweichungen ohne die Tiefstellung und das führende „E“ vereinfacht notiert (z.B. E_{A0Y} = A0Y):

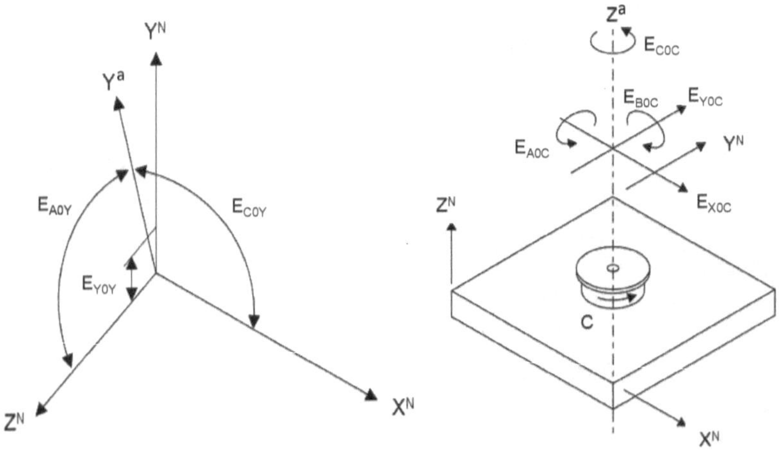

Bild 2.3: Lage- und Orientierungsabweichungen einer Linearachse in Y-Richtung (links) und einer Rotationsachse in C-Richtung (rechts) [ISO12]

Location and Orientation errors of a linear axis in Y-direction (left) and a rotary axis in C-direction (right) [ISO12]

Die fünfachsige Werkzeugmaschine in Bild 2.4 besitzt werkstückseitig zwei Rotationsachsen (A- und C-Richtung) und werkzeugseitig drei Linearachsen (X-, Y- und Z-Richtung). Somit sind alle möglichen Lage- und Orientierungsabweichungen in Tabelle 2.1 zusammengefasst.

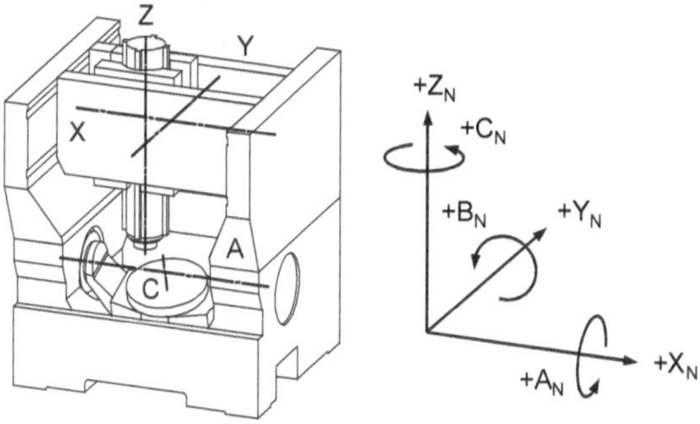

Bild 2.4: Fünfachsige Werkzeugmaschine mit einem Dreh-Schwenk-Tisch
Five-axis machine tool with a rotary swiveling table

Tabelle 2.1: Potentielle und minimale (grau markiert) Lage- und Orientierungsabweichungen nach [ISO12]
Potential and minimum (gray) Location and Orientation errors [ISO12]

C-Achse	A-Achse	X-Achse	Y-Achse	Z-Achse
X0C	-	X0X	-	-
Y0C	Y0A	-	Y0Y	-
-	Z0A	-	-	Z0Z
A0C	A0A	-	A0Y	A0Z
B0C	B0A	B0X	-	B0Z
C0C	C0A	C0X	C0Y	-

Einige der Lage- und Orientierungsabweichungen können jedoch durch geeignete Definitionen auf Null gesetzt werden. Die genauen Schritte hierzu werden im Folgenden beschrieben [ISO12]:

- Definition der Initialpositionen aller Rotations- sowie Linearachsen als Nullposition (X0X, Y0Y, Z0Z, A0A, C0C = 0)
- Definition der Y-Achse als Primärachse (A0Y, C0Y = 0)
- Definition der X-Achse als Sekundärachse (B0X = 0)
- Definition des Ursprungs der X- und Y-Achse auf der Referenzlinie der C-Achse (X0C, Y0C = 0)
- Definition des Ursprungs der Z-Achse auf der gleichen Höhe wie der Schnittpunkt der A-Achse in der ZY-Ebene (Z0A = 0)

Damit ergeben sich acht minimal erforderliche Lage- und Orientierungsabweichungen für die vollständige Beschreibung der fünfachsigen Werkzeugmaschine nach [ISO12]. Die letzten beiden Schritte werden jedoch häufig vernachlässigt, da diese Schritte nur unter Berücksichtigung der translatorischen Bewegungsabweichungen der Rotationsachsen möglich sind und diese Abweichungen in der Praxis häufig nicht gemessen werden können. Daher werden elf Lage- und Orientierungsabweichungen für die meisten Mess- und Modellierungsaufgaben verwendet.

2.2 Thermo-elastisches Verhalten von Werkzeugmaschinen

Thermo-elastic behaviour of machine tools

Um in der Lage zu sein, das thermo-elastische Verhalten einer Werkzeugmaschine messen sowie modellieren zu können, ist es wichtig dieses zu verstehen. Die thermo-energetische Wirkungskette in Bild 2.5 gibt einen Überblick über die physikalischen Zusammenhänge in der Maschinenstruktur von der Ursache bis zur Wirkung [GROß15].

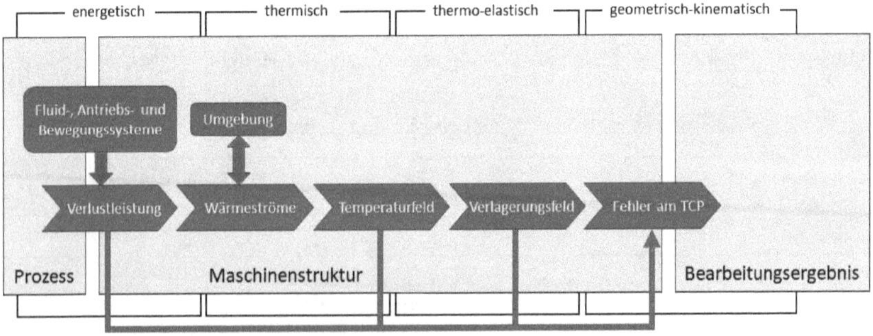

Bild 2.5: Thermo-energetische Wirkungskette nach [GROß15]
Thermo-energetic functional chain [GROß15]

Zu Beginn der Wirkungskette stehen Verlustleistungen (interne Einflüsse) sowie externe Einflüsse, die die Ursache für ein- und ausgehende Wärmeströme in die Maschinenstruktur sind. Die Wärmeströme verursachen der Maschine ein instationäres Temperaturfeld. Dieses verursacht wiederum in Abhängigkeit der thermischen Ausdehnungskoeffizienten der Materialien eine Verlagerung der einzelnen Maschinenkomponenten. Das Verlagerungsfeld führt zu einer TCP-Verlagerung, e.g. thermo-elastischen Fehlern, und verursacht somit einen Fehler am Werkstück [GROß15, WENN18].

Zu den externen Einflüssen bzw. Umgebungseinflüssen zählt vor allem das Hallenklima, das sich durch zeitliche Temperaturschwankungen und die vertikale und horizontale Temperaturverteilung auszeichnet. Auch die Abwärme benachbarter Anlagen oder die Sonneneinstrahlung wirken als Wärmequellen auf die Werkzeugmaschine ein. Dagegen können die Fundamente oder ein geöffnetes Hallentor eine kühlende Wirkung haben und sind somit als Wärmesenken zu betrachten [BREC17a]. Zu den internen Einflüssen zählen alle Verlustleistungen, die in Komponenten wie Lager, Motoren und Getrieben entstehen. Aber auch die Führungen und Kugelgewindetriebe erzeugen Reibungswärme beim Verfahren der Maschine [WENN18]. Die Prozesswärme, die beim Bearbeiten am Werkstück und Werkzeug entsteht, zählt ebenfalls zu den internen Einflussfaktoren. Sie wird zum größten Teil in den Spänen gespeichert (bis zu 50 %). Bei einem unzureichenden Abtransport der Späne kann diese Wärme zu einer erheblichen Temperaturerhöhung der umliegenden Bauteile führen [KLOC11].

Für das präzise Arbeiten der Maschine ist es wichtig, diese thermo-elastischen Fehler möglichst zu reduzieren. Hierzu existieren grundsätzlich Ansätze durch die Kompensation (Ansatz 1) und die Korrektur (Ansatz 2). Beim ersten Ansatz werden die Fehlerquellen präventiv beseitigt. Z.B. durch den Einsatz eines Materials mit geringem Wärmeausdehnungskoeffizienten und hoher Wärmeleitfähigkeit kann eine geringere Ausdehnung sowie Verzerrung der Maschine erreicht werden [LAME10, MÖHR15]. Eine thermo-symmetrische Konstruktion der Werkzeugmaschine führt zu einer gleichmäßigeren Ausdehnung der Maschinenstruktur entlang einer Symmetrieebene, was sich weniger dramatisch auf die TCP-Position auswirkt [BREC06]. Darüber hinaus können thermo-elastische Fehler durch gezielte Abkühlung oder Erwärmung reduziert werden. Mit den Methoden des ersten Ansatzes kann das thermo-elastische Verhalten der Werkzeugmaschinen bereits verbessert werden. Diese Methoden sind jedoch oft mit hohen Kosten verbunden oder der thermo-elastische Fehler kann aufgrund seiner Komplexität oder der physikalischen Grenzen der Methoden nicht ausreichend eliminiert werden.

Der zweite Ansatz (Korrektur) versucht dagegen, die Auswirkungen thermo-elastischer Fehler auf die TCP-Position zu korrigieren. Hierbei werden die thermo-elastischen Abweichungen mit Hilfe eines Modells vorhergesagt und durch geeignete Verfahren der Werkzeugmaschine korrigiert. Die thermo-elastischen Abweichungen müssen mit diesem Modell bestimmt werden, da eine direkte Messung während des Arbeitsprozesses kaum möglich ist. Das Modell erhält als Eingangsdaten Informationen über den thermischen Zustand der Werkzeugmaschine und berechnet daraus die thermo-elastischen Abweichungen. Es gibt verschiedene Arten von Eingangsdaten, die verwendet werden können [MAYR12, GEBH14]:

- Steuerungsinterne Daten (Motorleistungen und Achsgeschwindigkeit)
- Temperaturverteilung im Inneren der Maschine (Temperatursensoren)
- Dehnungsverteilung der Maschinenstruktur (Dehnungsmessstreifen)
- Umgebungstemperatur

Zur Analyse sowie zur Modellierung des thermo-elastischen Verhaltens von Werkzeugmaschinen ist es essenziell, zunächst das Verhalten, also die zeitlichen Änderungen der geometrischen Abweichungen, zu messen. Im folgenden Kapitel werden verschiedene Methoden zur Messung der thermo-elastischen Abweichungen vorgestellt.

2.3 Methode zur Messung thermo-elastischer Abweichungen

Measurement method of the thermo-elastic errors

Zur Analyse sowie Modellierung des thermo-elastischen Maschinenverhaltens wird die Änderung der geometrischen Abweichungen aufgrund des Verhaltens betrachtet. Es existieren bereits Normen für die Messung und Analyse des thermo-elastischen Verhaltens der Werkzeugmaschinen [ISO20a, ISO04, ISO07].

Die thermischen Verformungen einer Linearachse werden mit einem Winkel und Abstandsensoren gemessen (s. Bild 2.6 links). Hierbei wird ein Messdorn an der Spindel montiert. Fünf Abstandsensoren messen die Verformungen der Maschine an einer Position über einen bestimmten Zeitraum. Anhand der Messdaten werden die zeitliche Änderung der fünf geometrischen Abweichungen an der entsprechenden Position berechnet. Wird eine weitere Messposition entlang einer Linearachse hinzugefügt, können die Bewegungsabweichungen dieser Linearachse an den zwei Positionen berechnet werden. In Abhängigkeit der relevanten Abweichungsrichtung und den verfügbaren Messmitteln können unterschiedliche Aufbauten verwendet werden [ISO20a]. Diese Methode ist ebenfalls für die Messung an Drehmaschinen [ISO04] und an Bearbeitungszentren [ISO07] genormt.

Die Norm [ISO20a] wurde im Jahr 2020 um die Messung der Rotationsachsen erweitert. Die Abweichungen einer Rotationsachse werden mit einem Winkel und einer Kugel gemessen (s. Bild 2.6 rechts). Drei Abstandsensoren messen die dreidimensionalen Verlagerungen an unterschiedlichen Positionen der Rotationsachse. Hierbei werden sieben Abweichungen (zwei Lageabweichungen, zwei Orientierungsabweichungen, Null-Positionsabweichung und zwei Abweichungen des Tisches) berechnet.

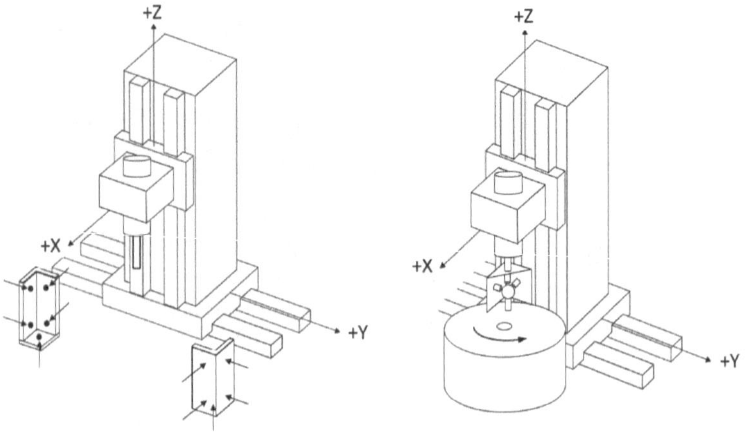

Bild 2.6: Typischer Aufbau zur Messung thermischer Verformungen einer Linearachse (links) und einer Rotationsachse (rechts) [ISO20a]

Typical setup for the measurement of thermal deformations of a linear axis (left) and a rotary axis (right) [ISO20a]

Die o.g. Methoden liefern begrenzte Informationen, dass nur die Abweichungen der entsprechenden Achse gemessen werden können. Um die Messung der Abweichungen an unterschiedlichen Positionen der Linearachsen und die Messung weiterer Abweichungen zu ermöglichen, muss entweder der Aufbau geändert werden oder es müssen mehr Messmittel sowie mehr Messpositionen verwendet werden. Um mehr Abweichungen innerhalb einer kurzen Messdauer zu messen, ist daher eine andere Methode erforderlich. Hierzu können die Methoden zur Messung geometrischer Abweichungen berücksichtigt werden. Im Vergleich zu den o.g. Methoden unterscheiden sich diese darin, dass die geometrischen Abweichungen hierbei zu einem bestimmten Zeitpunkt gemessen werden. Durch wiederholte Anwendung der Methoden für geometrische Abweichungen lassen sich ebenfalls die thermischen Einflüsse, d.h. die zeitlichen Änderungen der geometrischen Abweichungen, messen.

Die Methoden zur Messung geometrischer Abweichungen an Werkzeugmaschinen werden folgendermaßen unterteilt [SCHW08]:

- Direkte Messmethode: Einzelne Abweichungen werden individuell gemessen
- Indirekte Messmethode: Abweichungen am TCP werden als Verlagerung der einzelnen geometrischen Abweichungen gemessen. Die einzelnen Abweichungen werden nachhinein mathematisch separiert.

Eine Übersicht der existierenden Messmethoden wird in [SCHW08, IBAR12] sowie [ISO18] dargestellt. Da der Fokus dieser Arbeit auf der Messung von fünfachsigen Werkzeugmaschinen liegt, werden in diesem Kapitel primär die Messmethoden für fünfachsige Werkzeugmaschinen zusammengefasst und deren Anwendung bzw. Potential für die Messung der thermo-elastischen Abweichungen bewertet. Die Anforderungen an die Methode zur Messung thermo-elastischer Abweichungen sind unter anderem [MAYR12]:

1. Messung aller relevanten Abweichungen
2. Messung des relevanten Arbeitsbereichs
3. ausreichend geringe Messunsicherheit
4. kurze Messdauer
5. wiederholte Anwendungsmöglichkeit

Der fünfte Punkt ist wichtig für den wiederholten Einsatz der Messmethode bei unterschiedlichen thermischen Zuständen und ist daher zusätzlich zu [MAYR12] aufgenommen. Als Richtwert zur Bewertung einer ausreichend kleinen Messdauer wird die thermische Zeitkonstante von Werkzeugmaschinen-Baugruppen (zwischen 10 Minuten und 8 h) [JUNG00] berücksichtigt. Dementsprechend soll die Messmethode innerhalb von maximal 10 Minuten durchgeführt werden. Die genannten Punkte werden bei der Beurteilung der folgenden Messmethoden berücksichtigt.

2.3.1 Direkte Messmethode

Direct measurement method

Direkte Messmethoden messen die Abweichungen separat bzw. einzeln. Die geeigneten Messmethoden für die Linearachse sowie Rotationsachse sind in [ISO12] sowie in [ISO15a] dargestellt. Mit einer Messuhr, einem kalibrierten Normal, einem Laser-Interferometer und unterschiedlichen Optiken sowie Neigungsmessgeräten können die Bewegungsabweichungen einer Linearachse oder Rotationsachse gemessen werden. Mit weiteren Messungen am Normal oder Messobjekt können ebenfalls die Abweichungen zwischen Achsen e.g. Lage- und Orientierungsabweichungen fünfachsiger Werkzeugmaschinen gemessen werden. Der Vorteil liegt hierbei bei den intuitiven Messergebnissen. Es besteht ein direkter Zusammenhang zwischen der gemessenen Abweichung und der Messmethode. Somit ergibt sich die Messunsicherheit direkt aus der Unsicherheit des Messmittels. Der Nachteil ist, dass für einzelne Abweichungen unterschiedliche Messmittel bzw. unterschiedliche Messaufbauten erforderlich sind. Daher kann eine fünfachsige Werkzeugmaschine nur mit mehreren Messmitteln und einem großen Aufwand gemessen werden.

Mit einem eindimensionalen sowie zweidimensionalen Referenzkörper wie einer Kugelleiste [IBS22] oder Kugelplatte [KOLB07] können die translatorischen Bewegungsabweichungen der Linearachsen simultan gemessen werden. In den letzten Jahren wurden außerdem weitere Messmittel basierend auf dem interferometrischen Messprinzip entwickelt, die drei- oder fünfdimensionalen Messungen [SIOS20, SIOS19] sowie sechsdimensionalen Messungen [AUTO18, RENI19] ermöglichen. Mit solchen kombinierten Geräten kann die Messdauer deutlich verkürzt werden. Jedoch sind die Abweichungen der fünfachsigen Werkzeugmaschinen weiterhin nicht mit einem Aufbau bzw. Messmittel zu messen. Die Messdauer und die wiederholte Anwendungsmöglichkeit entsprechen dementsprechend nicht der Anforderung.

2.3.2 Indirekte Messmethode

Indirect measurement method

Bei indirekten Messmethoden werden die Verlagerungen der geometrischen Abweichungen am TCP an definierten Messpositionen gemessen. Unter bestimmten Bedingungen können die einzelnen Abweichungen dann mathematisch separiert werden. Im Folgenden wird der Entwicklungsstand der indirekten Messmethoden in der Industrie sowie Forschung, die vor allem für fünfachsige Werkzeugmaschinen verwendet werden können, dargestellt.

Ballbar

Der Ballbar ist ein Messmittel, das erstmals von Bryan vorgestellt wurde [BRYA82] und in der Industrie bereits häufig verwendet wird [ISO14a, ISO15b, ISO22]. Der eindimensionale Abstand zwischen zwei Kugeln, die werkzeugseitig sowie tischseitig montiert sind, wird entlang einer definierten Trajektorie gemessen (s. Bild 2.7 links). Generell wird in drei Bewegungsebenen der Linearachsen gemessen, wobei jeweils zwei Achsen zusammen bewegt werden. Der gemessene Abstand beschreibt zunächst die eindimensionale Maschinengenauigkeit in die Messrichtung. Da die Messung normalerweise während einer Bewegung durchgeführt wird, ist dieses Messmittel besonders für die Analyse der Vorschub-abhängigen Genauigkeit geeignet. Basierend auf den Messdaten können die Ursachen bezogen auf Achskomponenten, Steuerungsparameter sowie geometrische Abweichungen analysiert werden [KNAP83, KAKI87]. Ferner können die weiteren Abweichungen der Linearachsen mathematisch modelliert und separiert werden [PAHK97, LAI97]. Die Software von Renishaw plc [RENI13] berechnet hierbei die Rechtwinkligkeitsabweichungen und die möglichen Anteile der weiteren Geradheitsabweichungen sowie die dynamischen und steuerungsbedingten Einflüsse. Jedoch bietet diese Industrielösung nicht die Möglichkeit, weitere Abweichungen der fünfachsigen Werkzeugmaschinen zu messen. Für die Applikation an fünfachsigen Werkzeugmaschinen wurden weitere Forschungen durchgeführt. Primär werden hierbei die Lageabweichungen der Rotationsachsen gemessen [MAHB97, ABBA02]. Da der Ballbar jedoch eindimensional misst, müssen mehrere Messaufbauten verwendet werden, um alle Lageabweichungen der Rotationsachsen zu messen.

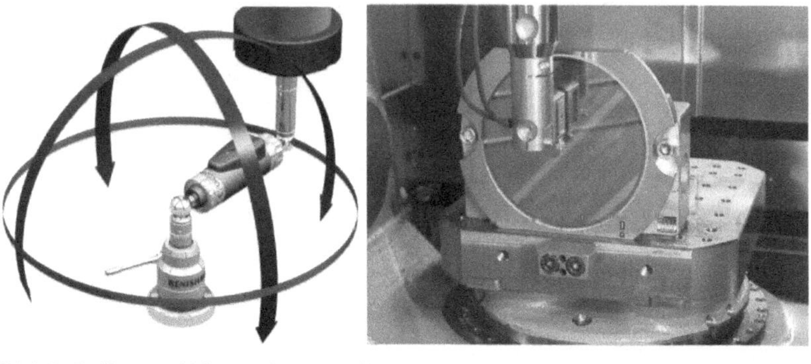

Bild 2.7: Ballbar und Messtrajektorien für drei unterschiedliche Ebenen der Linearachsen [RENI13] (links), Kreuzgittermessgerät im Einsatz [HEID21] (rechts)

Ball bar and measurement trajectories for three different planes of the linear axes [RENI13] (left), cross-grid measuring device in use [HEID21] (right).

Zusammengefasst ist der Ballbar besonders geeignet für eine schnelle Diagnose der Maschinengenauigkeit. Jedoch ist die Methode nicht für die Messung mehrerer Abweichungen der Linear- sowie Rotationsachsen und ebenfalls nicht für die wiederholte Anwendung an fünfachsigen Werkzeugmaschinen geeignet.

Kreuzgittermessgerät

Das Kreuzgittermessgerät (KGM) misst die zweidimensionale Abweichung des TCP basierend auf dem optischen Messprinzip (s. Bild 2.7 rechts) [HEID21]. Dieses Messmittel ist ähnlich wie der Ballbar für die Ermittlung der statischen und dynamischen Bewegungsabweichungen der Werkzeugmaschine geeignet und wird in unterschiedlichen Normen referenziert [ISO14b, ISO20a, ISO22]. Da das Messmittel im Gegensatz zum Ballbar zweidimensional messen kann, ist die Messung von mehr Abweichungen mit weniger Aufbauten möglich. Jedoch ist das Messmittel nicht für großflächige Messungen geeignet, da der Messbereich und die Genauigkeit begrenzt sind. Dementsprechend ist das Messmittel besonders für die Messung von Linearachsen mit kurzen Verfahrwegen geeignet.

Knapp et al. verwenden das KGM mit mehreren Sensoren zur sechsdimensionalen Messung der Linearachsen [KNAP99]. Zhu et al. und Du et al. erweitern die Methode um die Möglichkeit zur Messung weiterer Bewegungsabweichungen der Linearachsen [DU10, ZHU10]. In Kombination mit einem weiteren Messmittel kann das KGM für die Messung von fünfachsigen Werkzeugmaschinen verwendet werden [BOYE15]. Ähnlich wie beim Ballbar kann das KGM ohne die Änderung des Messaufbaus oder der Verwendung weiterer Messmitteln die Abweichungen der fünfachsigen Werkzeugmaschine nicht vollständig messen.

Tracking-Interferometer

Das Tracking-Interferometer wurde im Jahr 1986 erstmals demonstriert [LAU86]. Es handelt sich um ein Messmittel, das auf dem Laser-interferometrischen Messprinzip basiert und aus zwei Rotationsachsen besteht. Mit den beiden Rotationsachsen wird die Bewegung des Reflektors nachverfolgt und somit die relative dreidimensionale Bewegung des Reflektors im Raum gemessen. Hierbei dienen die Längeninformation aus der interferometrischen Messung sowie die Winkelinformation aus den Drehgebern der Rotationsachsen der Berechnung der Reflektorposition im dreidimensionalen Koordinatensystem. Dieses Messmittel wird bereits häufig für Roboter sowie große Werkzeugmaschinen eingesetzt [ESTL02, SCHW02].

Die Berechnung der dreidimensionalen Reflektorposition mit der Winkelinformation weist jedoch hohe Messunsicherheiten auf, da die Genauigkeit des Drehgebers limitiert ist [IBAR12]. Dieser Effekt verstärkt sich bei einer größeren Messlänge aufgrund des langen Hebelarms. Die Genauigkeit bei den aktuellen Messmitteln (Lasertracker) von Automated Precision, Inc [AUTO21] oder FARO Technologies, Inc [FARO21] beträgt je nach Messbereich 10 µm – 80 µm in Strahlrichtung (MPE-Wert [ISO09]) und 30 – 600 µm für die horizontale Endmaßmessung. Montavon et al. verwenden diese Messmethode zur Berechnung der einzelnen geometrischen Abweichungen von dreiachsigen Werkzeugmaschinen [MONT19]. Bei zwei dreiachsigen Werkzeugmaschinen benötigt die Methode 20 – 30 Minuten für die Messung der geometrischen Abweichungen inkl. der Bewegungsabweichungen der Linearachsen. Fünfachsige Werkzeugmaschinen können außerdem mit einem nachführbaren Reflektor „Active Target" von API gemessen werden (s. Bild 2.8 links) [AUTO23].

Alternativ kann nur die reine Längeninformation aus der interferometrischen Messung verwendet werden, um die Positionsänderung der Optik zu messen. Hierbei erfolgt die Messung ähnlich wie GPS an mehreren Positionen des Messmittels [SCHW03, BREC15]. Die Messung kann mit mehreren Messmitteln gleichzeitig oder mit einem Messmittel sequenziell durchgeführt werden. Die einzelnen Abweichungen der Achsen werden nach der vollständigen Durchführung der Messprozedur mathematisch separiert. Da diese Methode nur die relative Längenänderung des Lasers verwendet und dadurch die Ungenauigkeit des Winkelencoders vernachlässigt wird, kann eine hohe Genauigkeit der dreidimensionalen Messung und der einzelnen Abweichungen erreicht werden [SCHW05, LINA14].

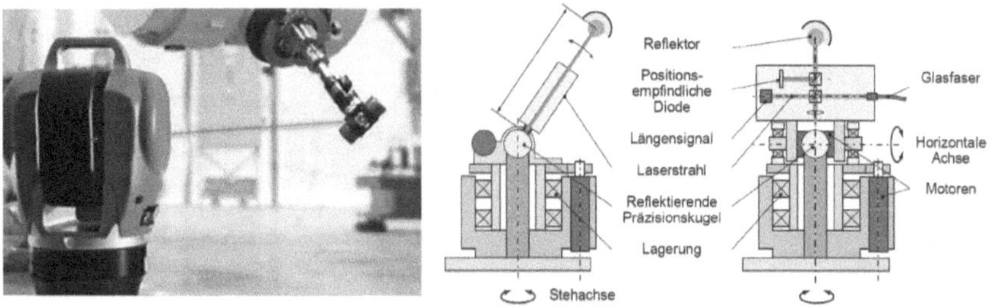

Bild 2.8: Lasertracker und Active Target von API [AUTO23] (links) und Aufbau eines LaserTRACERs von Hexagon AG [JATZ11] (rechts)

Laser tracker and active target from API [AUTO23] (left) and construction of a LaserTRACER from Hexagon AG [JATZ11] (right)

Die Genauigkeit der Längenmessung des Lasertrackers wird trotz des sehr genauen interferometrischen Messprinzips durch die Rotationsachsen limitiert. Um diese Genauigkeit zu erhöhen, entwickelte das National Physical Laboratory (NPL) ein neues Tracking-Interferometer [HUGH00]. Dieser Tracking-Interferometer, LaserTRACER, erreicht eine Genauigkeit von 0,2 µm + 0,2 µm/m [HEXA19]. Schwenke et al. verwenden den LaserTRACER (s. Bild 2.8 rechts) für die Messung von dreiachsigen sowie fünfachsigen Werkzeugmaschinen und entwickelt die Messmethode sowie das mathematische Modell für die Berechnung der einzelnen Abweichungen [SCHW03]. Durch die Verwendung mehrerer Positionen von LaserTRACER und Reflektor können 21 geometrische Abweichungen bei dreiachsigen Werkzeugmaschinen gemessen werden. Außerdem erweitern Schwenke et al. die Methode um die Messung von Bewegungsabweichungen der Rotationsachsen [SCHW09]. Die Messunsicherheit der einzelnen Abweichungen wird mit der Monte Carlo Methode analysiert. Dabei hängt die Messunsicherheit sowohl von den Messpositionen als auch von den Positionen des Messmittels ab. Unter optimalen Bedingungen kann eine sehr geringe Messunsicherheit erreicht werden. Die Messdauer bei der sequenziellen Messung beträgt über eine Stunde bzw. mehrere Stunden für dreiachsige und fünfachsige Werkzeugmaschinen.

Wennemer optimiert die Methode um die Messung von thermo-elastischen Abweichungen an dreiachsigen Werkzeugmaschinen [WENN18]. Mit der gleichzeitigen Verwendung von vier LaserTRACER werden 18 geometrische Abweichungen (reduziertes Modell) innerhalb einer kurzen Messdauer (ca. 10 Minuten) gemessen (s. Bild 2.9). Sein Modell zeichnet sich dadurch aus, dass das thermo-elastische Verhalten der Maschine während der Messprozedur mathematisch berücksichtigt wird.

Jatzkowski und Schwenke et al. verkürzen die Messdauer für fünfachsige Werkzeugmaschinen, indem die Maschine während der Messung kontinuierlich verfahren wird [SCHW09, JATZ11]. Trotz der sequenziellen Messung kann die Messdauer dadurch auf ca. 20 Minuten verkürzt werden. Mit der entwickelten Methode können die Linearachsen sowie Rotationsachsen einer fünfachsigen Werkzeugmaschine bis auf die Lageabweichungen der Rotationsachsen gemessen werden.

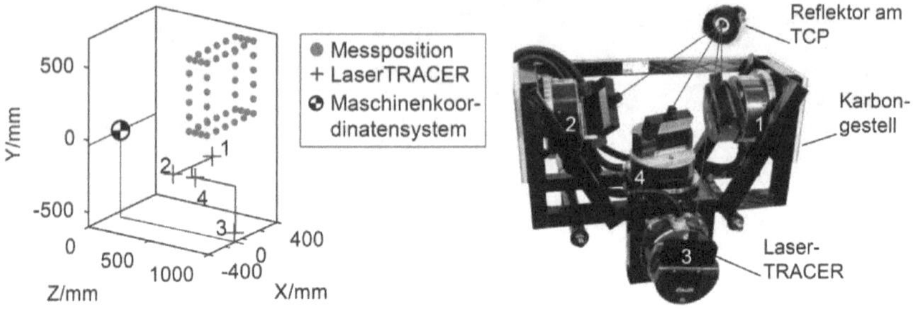

Bild 2.9: Beispielmesspositionen mit Multilateration (links) und Messaufbau für die gleichzeitige Verwendung von vier LaserTRACER (rechts) [WENN18]

Example measurement positions with multilateration (left) and measurement setup for simultaneous use of four LaserTRACERs (right) [WENN18]

Der LaserTRACER besitzt das Potential zur schnellen Messung der thermo-elastischen Abweichungen von fünfachsigen Werkzeugmaschinen. Jedoch ist die Messprozedur bei der sequenziellen Messung zu aufwändig, um sie wiederholend einzusetzen. Bei der simultanen Messung mit mehreren Messmitteln ist die Messprozedur automatisierbar. Durch die kontinuierliche Messung wäre eine Messdauer von unter 10 Minuten potentiell möglich. Ebenfalls könnten damit die meisten Anforderungen der Messmethode erfüllt werden. Die Nachteile der Methode sind dagegen die hohen Anschaffungskosten der Messmittel (vier LaserTRACER) und die Notwendigkeit einer weiteren Messmethode zur Messung der Lageabweichungen der Rotationsachsen. Ein weiterer Nachteil besteht darin, dass der Laser aufgrund des interferometrischen Messprinzips bei Signalunterbrechungen oder beim wiederholten Einsatz seine Referenz verliert. Dadurch kann nur die Verzerrung des Arbeitsraums und nicht die absolute Verschiebung gemessen werden.

Messtaster

Messtaster werden in Werkzeugmaschinen zur Messung der Lage eines Gegenstandes im Arbeitsraum eingesetzt. Häufig wird dieser für das Einmessen der Werkstückposition oder der Einstellung der Null-Lage des Koordinatensystems verwendet. Dieser Abschnitt stellt die Messmethoden dar, die mit dem Messtaster in Kombination mit einem Werkstück oder Normal die Abweichungen der Werkzeugmaschine messen können. Der Vorteil des Messtasters liegt bei der bereits bestehenden Kommunikationsanbindung an die Steuerung; d.h. die Messdaten können direkt in der Steuerung verarbeitet werden.

Die Messung eines Normals mit linear angeordneten Kugeln oder Stufen wird bei Koordinatenmessgeräten oder Werkzeugmaschinen bereits häufig eingesetzt [ISO09, ZHAN91]. Die Anordnung des Normals kann außerdem zweidimensional bzw. dreidimensional sein, um weitere Achsen sowie deren Abweichungen zu messen [BRIN07, KUNZ91, BRIN05]. Die Messtaster und Messnormale werden ebenfalls für die Messung von thermo-elastischen Abweichungen verwendet. Mit einer geeigneten Form des Messnormals aus dem Material Invar können verschiedene Abweichungen der Linearachsen gemessen werden [KIM03, KIM04]. Diese Messmethoden sind jedoch nur für Linearachsen bzw. lineare Bewegungen geeignet.

Es wurden ebenfalls Forschungen zur Messung von Rotationsachsen bzw. fünfachsigen Werkzeugmaschinen durchgeführt. Die meisten Methoden verwenden hierbei eine oder mehrere Kugeln und einen Messtaster oder ein Sensornest. Die Maschinenabweichung am TCP wird zunächst an mehreren Kugelpositionen gemessen. Basierend auf dieser Messung werden die geometrischen Abweichungen mathematisch berechnet. In der Industrie wurde die Messmethode, die einen Messtaster und eine Kugel verwendet, erstmalig von der Firma Deckel Maho Pfronten GmbH vorgestellt [MAIE09]. Mit der Messung vom Kugelzentrum an zwei Positionen der Rotationsachsen können die zwei Lageabweichungen der entsprechenden Rotationsachse berechnet werden. Die Steuerungshersteller Siemens AG und Dr. Johannes Heidenhain GmbH verwenden eine ähnliche Methode, um die Lageabweichungen der fünfachsigen Werkzeugmaschinen zu messen und zu kompensieren [HEID09, SIEM17]. Behrens hat bereits in seiner Dissertation [BEHR23] eine umfassende Zusammenfassung der zu diesem Thema existierenden Messmethoden gegeben. Im nächsten Kapitel „R-Test“ werden weitere Messmethoden behandelt, die teilweise durch den Messtaster ersetzt werden können. Daher werden die Messmethoden, die auf Messtaster und Kugeln basieren, im nächsten Kapitel gemeinsam vorgestellt.

Es wurden weitere Messmethoden für fünfachsige Werkzeugmaschinen entwickelt, die einen Messtaster verwenden, jedoch in Kombination mit einem nicht kugelförmigen Gegenstand. Ibaraki et al. präsentieren eine Methode, die drei würfelförmige Strukturen verwendet [IBAR10, IBAR13]. Die seitlichen sowie oberen Flächen der Strukturen werden bei unterschiedlichen Maschinenpositionen angetastet. Aus 220 Antastpunkten in 28 Minuten werden somit alle Bewegungsabweichungen der beiden Rotationsachsen berechnet, indem die Abweichungen zwischen mehreren Stützstellen linear interpoliert werden. Mayer und Rahmen präsentieren Methoden, bei denen die Geometrie des Maschinentisches für die Messung verwendet wird [RAHM15, MAYE15]. Diese Messmethoden messen ebenfalls Lage und Orientierungsabweichungen der Rotationsachsen und teilweise die translatorischen sowie rotatorischen Bewegungsabweichungen der Rotationsachse. Die Messdauer beträgt jedoch über 30 Minuten und die Validierung der Messunsicherheit wurde bisher nicht berücksichtigt.

R-Test

Der Radial-Test, auch R-Test genannt, wurde zunächst von Weikert vorgestellt [WEIK04]. Bei dieser Methode wird anstelle eines Messtasters ein Sensornest verwendet, das aus mehreren Abstandsensoren besteht und die 3D-Verlagerung zwischen dem Sensor und der Kugel misst. Der Sensor misst die dreidimensionale Verlagerung meistens simultan und bietet somit die Vorteile, dass die Messdauer gegenüber dem Messtaster deutlich kürzer ist und die Messdaten teilweise während der Maschinenbewegung kontinuierlich aufgenommen werden können. Ähnlich wie bei der Methode mit dem Messtaster werden die geometrischen Abweichungen mathematisch aus den Messdaten berechnet. Diese Messmethode ist in verschiedenen Normen zur Anwendung an Werkzeugmaschinen mit Rotationsachsen beschrieben [ISO14a, ISO18]. Die Messmethoden, die basierend auf dem R-Test die geometrischen Abweichungen fünfachsiger Werkzeugmaschinen messen können, wurden bereits in [BEHR23] zusammengefasst. Der R-Test weist hierbei durch die hohe Automatisierbarkeit, die hohe Anzahl an messbaren Abweichungen sowie die kurze Messdauer Vorteile für die Anwendung zur geometrischen Kalibrierung fünfachsiger Werkzeugmaschinen auf. Basierend auf der Arbeit von Behrens [BEHR23] werden im Folgenden Messmethoden des R-Tests dargestellt. Dabei wird das Potential zur Messung des thermo-elastischen Verhaltens berücksichtigt.

Bild 2.10: Unterschiedliche Messmittel für den R-Test [FIDI18, BRIN06, IBS22, TRAN21, HEMU22]

Different measuring equipment for the R-Test [FIDI18, BRIN06, IBS22, TRAN21, HEMU22]

Zur Durchführung des R-Tests existieren unterschiedliche Messmittel (siehe Bild 2.10). Die Sensoren unterscheiden sich bezüglich ihres Messprinzips (2D / 3D, berührend / berührungslos, kapazitiver Sensor / Wirbelstromsensor / Laser / etc.), Messbereichs, Messfrequenz sowie der Messgenauigkeit. Zu den aufgelisteten Messmitteln in [BEHR23] wurden hierbei zwei weitere Messmittel ergänzt. Jywe et al. präsentieren ein neues Messmittel, das mit zwei Laserquellen und PSD-Sensoren die 3D-Lage einer transparenten Kunststoffkugel messen kann [JYWE10, JYWE12]. Trans et al. verwenden dieses Messmittel, um die Positionierabweichungen der Rotationsachsen zu kalibrieren [TRAN21]. HeMuTec GmbH präsentiert mit dem 5X-Analyzer ebenfalls ein neues Messmittel [HEMU22]. Anders als andere Messmittel beinhaltet dieses zwei Abstandsensoren. Anhand zwei oder mehr Messungen bei unterschiedlichen Spindelpositionen wird der dreidimensionale Abstand zur Kugel berechnet.

Bringmann präsentiert in [BRIN06, BRIN07] eine Messmethode basierend auf dem statischen R-Test mit einer Kugelposition und einer Sensorposition. Mit einem mathematischen Modell werden die Lage- und Orientierungsabweichungen der Rotationsachsen, die Positionierabweichungen der Linearachsen sowie eine Positionierabweichung der Rotationsachsen berechnet. Die Bewegungsabweichungen werden dabei mit einer linearen Funktion (eine Steigung) modelliert. Zwei der drei Positionierabweichungen der Linearachsen (EXX und EYY) werden dabei in gleicher Größe angenommen. Somit werden insgesamt 14 geometrische Abweichungen gemessen. Das Sensorsystem besteht aus vier Abstandsensoren und einer Kugel, die jeweils tischseitig und werkzeugseitig montiert werden. Die Methode benötigt unter 10 Minuten für die Aufnahme von 79 Messpunkten bei der verwendeten fünfachsigen Werkzeugmaschine [BRIN07]. Gebhardt optimiert diese Messmethode für die Messung des thermoelastischen Verhaltens der Rotationsachsen [GEBH14]. Dabei wird für die vertikale Achse (C-Achse) eine kontinuierliche Messung (dynamisch) und für die horizontale Achse (A-Achse) eine diskrete Messung (statisch) verwendet. Zu den acht Lage- und Orientierungsabweichungen der Rotationsachsen werden zwei weitere Abweichungen des Tisches sowie zwei Null-Positionsabweichungen der Rotationsachen ergänzt (insgesamt 12 Abweichungen). Die Messmethode benötigt weniger als eine Minute (vermutlich jeweils für diskrete und kontinuierliche Messung) und wurde für die ausführliche Untersuchung sowie Modellierung der thermo-elastischen Abweichungen unter Belastung der Rotationsachsen verwendet. Die Untersuchungen erfolgen, indem die Rotationsachsen über mehrere Tage belastet sowie abgekühlt werden und währenddessen die Messmethode wiederholt eingesetzt wird. Bei der Voruntersuchung stellt sich heraus, dass sich die Bewegungsabweichungen der Rotationsachsen wenig verändern und dadurch vernachlässigt werden können. Die Methoden von Bringmann und Gebhardt verwenden eine Sensor- und Kugelposition, wodurch die Anzahl der messbaren Abweichungen mathematisch begrenzt ist.

Ibaraki et al. entwickeln eine Messmethode des statischen R-Tests mit zwei [IBAR11] bzw. vier Sensorpositionen [HONG12a] und einer Kugelposition. Mit der Methode können die Lage- und Orientierungsabweichungen der Achsen sowie alle Bewegungsabweichungen der Rotationsachsen gemessen werden [HONG12a]. Die Bewegungsabweichungen werden zwischen mehreren Stützstellen der jeweiligen Rotationsachse linear interpoliert. Als Messmittel wird ein ähnliches Sensorsystem wie in [BRIN07] verwendet. Hierbei wird die Messung an zwei oder vier Sensorpositionen (werkstückseitig) mit unterschiedlichen Höhen und jeweils 84 Messpunkten (insgesamt 168 oder 336 Messpunkten) durchgeführt. Die Messunsicherheit der Bewegungsabweichungen wurde im Rahmen eines einfachen Beispiels mit der Monte Carlo Methode analysiert, indem eine rotatorische Abweichung der Linearachse, die nicht gemessen wird, als Input verwendet wurde. Hong und Ibaraki verwenden ebenfalls den statischen R-Test für die thermische Untersuchung der sechs Bewegungsabweichungen der B-Achse [HONG12b]. Während der kontinuierlichen Schaukelbewegung der B-Achse wurde die Messmethode wiederholt eingesetzt, um die Änderung der Abweichungen zu analysieren. Die eingesetzte Methode benötigt 2 Minuten für die Messung von 25 Messpunkten. Hierbei stellt sich heraus, dass die Abweichungen über die Zeit in eine Richtung verschoben werden. Deren Verlauf über der Achspositionen (Bewegungsabweichungen) verändert sich jedoch wenig. Durch die Verwendung von mehreren Sensorpositionen können die Messmethoden von Ibaraki und Hong [IBAR11, HONG12a] auch die Bewegungsabweichungen der Rotationsachsen messen. Allerdings ist die Änderung der Sensorposition schwer automatisierbar. Daher wird bei der thermischen Anwendung [HONG12b] nur eine Sensorposition verwendet, wodurch der Vorteil der Methode eingeschränkt wird.

Mayer präsentiert die Messmethode „SAMBA" in [MAYE12], die ähnlich zum R-Test ein Messtaster und 24 Kugelpositionen sowie eine zusätzlich Referenzlänge verwendet. Dabei können sieben Lage- und Orientierungsabweichungen der Rotationsachsen, drei Rechtwinkligkeitsabweichungen der Linearachsen sowie drei Positionierabweichungen der Linearachsen gemessen werden. Um die Positionierabweichungen der Linearachsen zu messen, wird eine Referenzlänge aus zwei Kugeln verwendet, deren Abstand gemessen wird. Die Positionierabweichungen der Linearachsen werden als eine lineare Funktion modelliert. Alami und Mayer entwickeln diese Methode in [ALAM14] weiter. Dabei werden vier Kugeln und eine Referenzlänge verwendet. Die Methode benötigt unter zwei Stunden für über 70 Messpunkte und kann fast alle geometrischen Abweichungen der verwendeten Werkzeugmaschine erfassen, wobei die Bewegungsabweichungen als Polynom 3. Grades modelliert werden. Mayer et al. untersuchen die Messunsicherheit der Messmethode mit der Monte Carlo Methode in [ANDO11, LOS18]. Dabei werden auch die thermischen Einflüsse als Input der Monte Carlo Methode verwendet. Die Ergebnisse wurden teilweise gegenüber der experimentellen Untersuchung validiert. Durch die Verwendung von mehreren Kugelpositionen und einer Referenzlänge stellen die o.g. Messmethoden von Mayer et al. das Potential dar, nahezu alle Abweichungen von fünfachsigen Werkzeugmaschinen zu messen, weisen jedoch eine relativ lange Messdauer auf.

In der Arbeit [BITA18] verwenden Bitar-Nehme und Mayer den statischen R-Test mit den vier Kugelpositionen und einer Referenzlänge ebenfalls für die Messung und Modellierung der thermo-elastischen Abweichungen unter Belastung der Rotationsachsen. Hierfür wird ein Sensor wie in [BRIN07] verwendet und die Messmethode so reduziert, dass diese innerhalb von drei Minuten die Lage- und Orientierungsabweichungen sowie die Bewegungsabweichungen der Rotationsachsen und teilweise der Linearachsen messen kann. Die Bewegungsabweichungen werden dabei als eine konstante Größe oder als Polynom 1. Grades (lineare Funktion) abgebildet, wodurch die Modellierung dieser Abweichungen begrenzt ist. Außerdem fehlt eine genaue Analyse der Messunsicherheit für die einzelnen Abweichungen.

Flore verwendet ein weiteres Sensorsystem in [FLOR16], das aus drei kapazitiven Sensoren und einer Stahlkugel besteht. Anders als in [BRIN07] wird der Sensor werkzeugseitig und die Kugel tischseitig montiert. Sein mathematisches Modell modelliert die Bewegungsabweichungen als B-Spline 1. Grades mit fünf bis sieben Stützstellen. Brecher und Lee et al. entwickeln diese Methode weiter und verwenden B-Splines 2. sowie 3. Grades zur Modellierung der Bewegungsabweichungen in [BREC17b]. Zum Messprozess werden, ähnlich wie in [ALAM14], vier Kugelpositionen und eine Referenzlänge verwendet. Dabei werden nahezu alle Abweichungen mit Ausnahme der rotatorischen Abweichungen der Rotationsachsen gemessen. Als Messsystem wird ein neues Sensorsystem verwendet [IBS22], das aus drei Wirbelstromsensoren besteht. Das Sensorsystem weist gegenüber der Vorgängerversion in [FLOR16] Vorteile auf, indem die Messung kontaktlos und kabellos durchgeführt werden kann. Die Validierung erfolgt, indem die Maschine nach der steuerungstechnischen Korrektur der gemessenen Abweichungen erneut an einer unabhängigen Kugelposition statisch vermessen wird. Dabei zeigt sich, dass die B-Splines 2. Grades bei der verwendeten Maschine gegenüber 1. sowie 3. Grades ein robusteres Ergebnis aufweist. Nach der Korrektur der Abweichungen (B-Spline 2. Grades) liegen die verbleibenden TCP-Verlagerungen bei unter 5 µm. Aufbauend auf diesen Ergebnissen untersucht Behrens in seiner Dissertation [BEHR23] diese statische Methode für verschiedene Konfigurationen der Maschinen, um eine optimal übertragbare Messmethode zu entwickeln. In der ersten Analyse werden drei Werkzeugmaschinen untersucht, indem verschiedene Kombinationen der Kugelpositionen, der zu berechnenden Abweichungen sowie der B-Spline-Konfigurationen verwendet werden. Dabei wird eine optimale robuste Messmethode festgelegt, die in der zweiten Analyse an neun weiteren Maschinen validiert wird. Die erste Analyse erfolgt mit dem gleichen Sensorsystem wie in [BREC17b] und die zweite Analyse mit dem Messtaster. Dabei stellt sich heraus, dass die Abweichungskombination mit allen Lage- und Orientierungsabweichungen sowie Positionierabweichungen der Bewegungsachsen meistens die robustesten Ergebnisse der geometrischen Kalibrierung liefert. Die Messung von weiteren Abweichungen führt zwar bei den gemessenen Messpositionen zu einer kleineren Restabweichung, jedoch oft zu einer größeren Abweichung bei unabhängigen Messpositionen („Overfitting"). Durch die Berücksichtigung von mehr Abweichungen führt die mathematische Instabilität zu einer größeren Messunsicherheit. Zur Vereinfachung der Untersuchungen sowie der Messung entwickelt Behrens ein Greifersystem, mit dem die Kugel automatisiert auf dem Tisch abgesetzt bzw. umpositioniert werden kann (Bild 2.11). Der Greifer funktioniert pneumatisch und kann somit in der Maschinensteuerung mittels Druckluft gesteuert werden. Die entwickelten und analysierten Messmethoden von Flore und Behrens fokussieren sich auf die geometrische Kalibrierung der Maschinen und besitzen somit eine relativ lange Messdauer (> 1 Stunde) für die Messung der thermo-elastischen Abweichungen. Allerdings bieten die mathematische Methode zur Modellierung der Abweichungen, das neue kabellose und kontaktlose Sensorsystem sowie das Greifersystem Vorteile gegenüber den bisherigen Methoden.

Wie in diesem Kapitel beschrieben, wurde der R-Test bereits in verschiedenen Messmethoden eingesetzt. Diese Methoden unterscheiden sich vor allem in den messbaren Abweichungen, in der Messdauer sowie in der Automatisierbarkeit. Die Messmethoden für geometrische Abweichungen sind zum Teil bereits ausführlich validiert und können nahezu alle geometrischen Abweichungen der fünfachsigen Werkzeugmaschinen messen. Allerdings weisen diese Messmethoden für die Messung der thermoelastischen Abweichungen eine hohe Messdauer auf. Die wenigen Messmethoden, die bereits für die Messung der thermo-elastischen Abweichungen verwendet werden, weisen eine kurze Messdauer auf. Diese Methoden sind jedoch entweder nicht in der Lage, eine ausreichende Anzahl von Abweichungen zu messen, oder sie sind hinsichtlich der Messunsicherheit nicht ausreichend validiert.

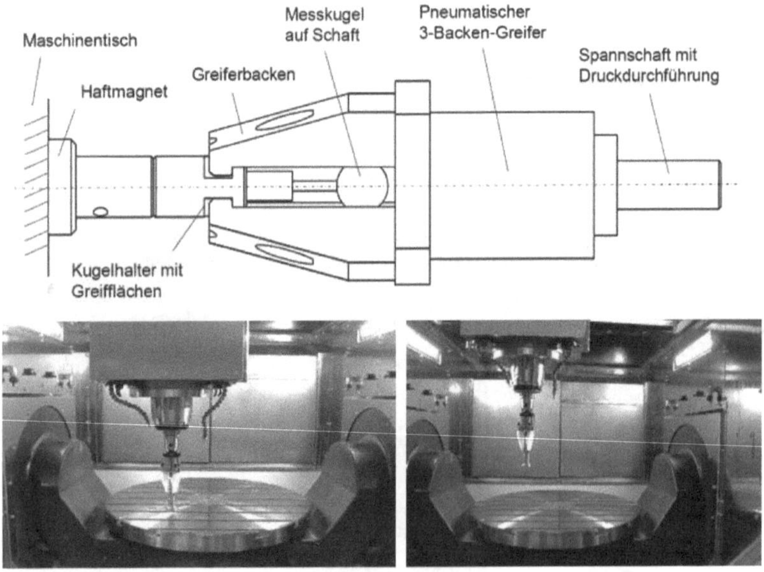

Bild 2.11: Greifersystem zum automatisierten Absetzen der Kugel [BEHR23]

Gripper system for automated positioning of the ball [BEHR23]

Prüfwerkstück

Die Messung sowie Überprüfung der Maschinengenauigkeit mit einem Prüfwerkstück ist ein gängiges Verfahren in der Industrie. Es existieren bereits verschiedene Prüfwerkstücke, die in unterschiedlichen Normen wie [AIA69, ISO20b] definiert sind. Außerdem verwenden unterschiedliche Hersteller sowie Anwender fünfachsiger Werkzeugmaschinen eigene Prüfwerkstücke zur Einstellung sowie Validierung der Maschinengenauigkeit. Der Stand der Technik wurde bereits in [FLOR16] sowie in [IBAR12] zusammengefasst. Die folgenden Abschnitte stellen die weiterführenden Forschungen dar, die der Entwicklung von Methoden zur Messung einzelner geometrischer sowie thermo-elastischer Abweichungen dienen.

Alessandro et al. verwenden ein pyramidenförmiges Prüfwerkstück in [ALES15], das aus mehreren rechteckigen Stufen besteht. An unterschiedlichen Stellungen der Rotationsachsen werden die jeweiligen Flächen gefertigt. Durch die anschließende Vermessung in einem Koordinatenmessgerät können alle Lage- und Orientierungsabweichungen der beiden Rotationsachsen sowie zwei weitere Positionierabweichungen der Linearachsen berechnet werden. Die Messunsicherheiten der einzelnen geometrischen Abweichungen wurden aus der Wiederholgenauigkeit zehn nacheinander gefertigter Werkstücke abgeschätzt.

Jiang et al. präsentieren ein würfelförmiges Prüfwerkstück (s. Bild 2.12), das verschiedene Merkmale besitzt [JIAN15]. Nach der Fertigung an unterschiedlichen Maschinenpositionen werden diese Merkmale in der Maschine mit einem Laser-Abstandsensor gemessen, der sich im Werkzeughalter am TCP befindet. Somit erfolgt die Fertigung des Werkstücks und die Messung der Geometrie ohne externe Messmittel. Mit dieser Methode werden alle Lage- und Orientierungsabweichungen einer fünfachsigen Werkzeugmaschine mit zwei Rotationsachsen berechnet. Einige der gemessenen Abweichungen werden mit dem Double-Ball-Bar und Messtaster validiert.

Ibaraki et al. verwenden in [IBAR14] ebenfalls ein pyramidenförmiges Prüfwerkstück (s. Bild 2.12) für die Messung von Lage- und Orientierungsabweichungen sowie Bewegungsabweichungen der Rotationsachsen. Drei Testwerkstücke werden hintereinander gefertigt, um die initialen Abweichungen sowie die thermisch bedingten Änderungen zu beobachten. Der gesamte Fertigungsprozess (Schruppen und Schlichten) benötigt ca. 25 Minuten für ein Werkstück. Die Werkstücke werden in der Maschine mit der Annahme gemessen, dass die thermischen Einflüsse für Linearachsen hinreichend gering sind. In [IBAR21] wird ein ähnliches jedoch vereinfachtes Testwerkstück (s. Bild 2.12) verwendet, um die thermischen Einflüsse an Lage- und Orientierungsabweichungen zu untersuchen. Die Werkstückfertigung dauert an der verwendeten Werkzeugmaschine ca. 8 Minuten. Mit dem Werkstück werden die thermischen Einflüsse aufgrund der Werkstückfertigung analysiert, indem das Werkstück viermal hintereinander gefertigt und der gleiche Test an vier Tagen wiederholt wird. Die Lage- und Orientierungsabweichungen veränderten sich um maximal 5 µm bzw. 50 µrad, wobei die Änderungen je nach Tag durchaus unterschiedlich waren. Die Ursache war hierbei auf die Messunsicherheiten sowie auf die unterschiedlichen thermischen Initialzustände zurückzuführen.

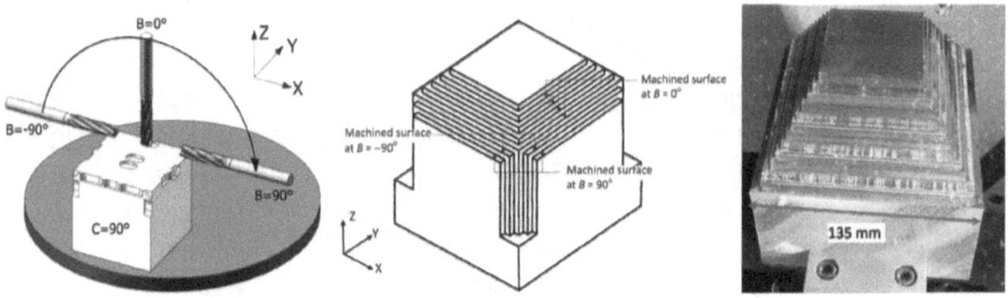

Bild 2.12: Unterschiedliche Prüfwerkstücke in [JIAN15] (links), in [IBAR14] (in der Mitte) und in [IBAR21] (rechts)

Different test workpieces in [JIAN15] (left), in [IBAR14] (in the middle) and in [IBAR21] (right).

Die Messmethoden mit dem Prüfwerkstück haben den Vorteil, dass die Genauigkeit der tatsächlichen Bearbeitung gemessen werden kann. Es ist jedoch kein Prüfwerkstück bekannt, das eine kurze Fertigungsdauer aufweist und gleichzeitig die Messung einer großen Anzahl von Abweichungen mit ausreichend kleiner Messunsicherheit ermöglicht.

2.3.3 Zusammenfassung

Summary

In vorherigen Kapiteln wurden die existierenden Methoden zur Messung der geometrischen sowie thermo-elastischen Abweichungen einer fünfachsigen Werkzeugmaschine zusammengefasst. Die einzelnen Messmethoden haben jeweils Vor- und Nachteile, die für die Auswahl einer optimalen Methode zur Messung thermo-elastischer Abweichungen bewertet werden sollen. In Tabelle 2.2 wird die Bewertung der Messmethoden, ähnlich wie in [JATZ11], dargestellt. Als Bewertungskategorien für die Messung von thermo-elastischen Abweichungen an fünfachsigen Werkzeugmaschinen werden die fünf Anforderungen, die am Anfang des Kapitels 2.3 bereits beschrieben wurden, und zusätzlich die Kosten des Messmittels verwendet. Dabei stellen die jeweiligen Kategorien folgende Inhalte dar; Abweichung: Anzahl an messbaren Abweichungen, Messbereich: Messbarer Bereich des Arbeitsvolumen, Unsicherheit: Messunsicherheit der zu messenden Abweichungen, Messdauer: Dauer eines vollständigen Messprozesses, Wiederholung: Handhabung zur wiederholten Messung (Automatisierbarkeit), Kosten: Gesamte Kosten des Messsystems.

Direkte Methoden besitzen allgemein den Vorteil, dass die einzelnen Abweichungen individuell und generell mit einer kleinen Messunsicherheit gemessen werden können. Jedoch ist die Anzahl der messbaren Abweichungen mit einem Messmittel stark begrenzt. Daher ist es nicht möglich, mit einer Methode oder mit einem Messaufbau die Abweichungen der Linear- sowie der Rotationsachsen zu messen. Die Kosten variieren je nach verwendetem Messmittel. Ballbar und Kreuzgitter weisen eine sehr kurze

Messdauer auf, jedoch können nur eine limitierte Anzahl an Abweichungen gemessen werden. Zudem ist die Möglichkeit der Wiederholung aufgrund des Messaufbaus ebenfalls limitiert. Tracking-Interferometer erlauben die Messung fast aller Abweichungen der fünfachsigen Werkzeugmaschine mit Ausnahme der Lageabweichungen. Jedoch muss für eine vollständige Messung entweder ein Messmittel mehrmals umpositioniert werden oder mehrere gleiche Messmittel gleichzeitig verwendet werden. Somit sind die Kosten hoch (ein Messmittel) bis sehr hoch (mehrere Messmittel). Die Automatisierbarkeit der Messung ist, auch beim gleichzeitigen Einsatz mehrerer Messmittel, limitiert, da z.B. für die Untersuchungen der Rotationsachsen die Messmittel ummontiert werden sollen. Ähnlich wie beim R-Test, können die Messmethoden mit einem Messtaster die meisten Abweichungen messen. Jedoch ist die Messdauer hoch, da die Messung nur mit diskreten Antastbewegungen erfolgt. Für die Bewertung dieser Messmethode in Tabelle 2.2 wird die Methode nach [BITA14] herangezogen. Der R-Test hingegen erlaubt eine simultane Aufnahme der dreidimensionalen TCP-Verlagerung und verkürzt die Messdauer im Vergleich zum Messtaster. Dennoch sind die bisherigen Messmethoden aufgrund der geringen Anzahl der messbaren Abweichungen oder der hohen Messdauer für die Messung des thermo-elastischen Verhaltens nicht geeignet. Für die Bewertung dieser Messmethode wird der statische R-Test in [BREC17b] berücksichtigt. Beim Prüfwerkstück ist die Anzahl der messbaren Abweichungen begrenzt. Für eine umfassende Analyse des thermo-elastischen Verhaltens ist daher kein geeignetes Prüfwerkstück bekannt.

Tabelle 2.2: Bewertungstabelle der aktuellen Messmethoden zur Messung von thermo-elastischen Abweichungen

Evaluation of measurement methods for thermo-elastic errors

		Bewertungskategorien					
		Abweichungen	Messbereich	Unsicherheit	Messdauer	Wiederholung	Kosten
Direkte Methode		◔	●	●	●	●	◑
Indirekte Methode	Ballbar	◔	◑	◕	●	◑	●
	Kreuzgitter	◑	◑	◕	◕	◕	◑
	Tracking-Interferometer	●	●	●	◕	◔	○
	Messtaster	◕	●	◕	◔	●	●
	R-test	◕	●	◕	◑	●	◕
	Prüfwerkstück	◑	◔	◕	◕	◕	●
	Dynamischer R-test neuer Ansatz	◕	●	◕	●	●	◕

Kriterium: ● Voll erfüllt ◑ Halb erfüllt ○ Nicht erfüllt

Mit dem statischen R-Test-Verfahren nach [BREC17b] können die meisten geometrischen Abweichungen von fünfachsigen Werkzeugmaschinen gemessen werden, allerdings ist die Messdauer sehr lang. Hier kann ein neuer Ansatz entwickelt werden: Ähnlich wie in [JATZ11] kann auch die Messung des R-Tests beschleunigt werden, indem die Messung unter kontinuierlicher Maschinenbewegung durchgeführt wird. Durch die kontinuierliche Messwertaufnahme wird gleichzeitig eine hohe Anzahl an Messdaten aufgenommen, sodass auch die Anzahl der messbaren Abweichungen potenziell steigen kann. Allerdings muss ein zusätzliches Tool zur Datenerfassung entwickelt werden, das die Sensordaten und die Positionsdaten aus der Steuerung parallel aufnimmt und für die nachfolgenden Berechnungen mit hoher Genauigkeit synchronisiert. Darüber hinaus kann die Messung z.B. mit einem Greifer (Bild 2.11) automatisiert werden. Dieser neue Ansatz des dynamischen R-Tests stellt ein großes Potential hinsichtlich aller betrachteten Anforderungen der Messung von thermo-elastischen Abweichungen dar. Jedoch stellen die Synchronität der Daten und die dynamischen Einflüsse der Maschine weitere Quellen für Messunsicherheiten dar. Unter der Annahme, dass die Bewertung der Messunsicherheit sowie der Anzahl der messbaren Abweichungen gleich bleiben wie beim R-Test in [BREC17b], hätte der neue Ansatz des dynamischen R-Tests in den meisten Kategorien Vorteile gegenüber den anderen Methoden (s. Tabelle 2.2). Um dies nachzuweisen, konzentriert sich diese Arbeit zunächst auf die Entwicklung des dynamischen R-Tests sowie auf die Untersuchung der Messunsicherheit für die thermische Analyse von fünfachsigen Werkzeugmaschinen.

2.4 Modellierungsmethode der thermo-elastischen Abweichungen

Modelling method of the thermo-elastic errors

Die thermo-elastische Modellierung kann mit Hilfe verschiedener Ansätze durchgeführt werden. Grundsätzlich werden die Modellierungsansätze in physikalische und phänomenologische Modelle unterteilt. Diese Modelle verwenden die in Kapitel 2.2 aufgeführten Eingangsdaten, um das thermo-elastische Verhalten vorherzusagen. Hierbei stellen [MAYR12] sowie [KLAT19] bereits eine Zusammenfassung der existierenden Modellierungsmethoden dar. Im Folgenden wird daher der Schwerpunkt auf die Modellierungsmethode mit einer Übertragungsfunktion, eine Art der phänomenologischen Modellierung, gelegt.

Modellierung mittels einer Übertragungsfunktion

Eine weit verbreitete Methode zur Modellierung der thermo-elastischen Abweichungen einer Werkzeugmaschine ist die Verwendung einer Übertragungsfunktion, die den Zusammenhang zwischen den Ein- und Ausgangsdaten herstellt. Die Grundstruktur der Übertragungsfunktion wird dabei vorgegeben und die optimalen Werte der Parameter werden mit den Trainingsdaten parametriert. Gebhardt modelliert die Abweichungen einer fünfachsigen Maschine mittels der Übertragungsfunktion des PT1-Glieds und nutzt dabei als Eingangsdaten die Motorleistungen und Achsgeschwindigkeiten. Er beschränkt sich jedoch auf die Modellierung der Abweichungen der Rotationsachsen

[GEBH14]. Mayr erweitert diesen Ansatz und schätzt die Abweichungen der Rotationsachsen und der Spindel mit Hilfe der Kühlleistungen der einzelnen Bewegungsachsen [MAYR15]. Blaser geht noch einen Schritt weiter und entwickelt ein adaptives Modell, das die Parameter der Übertragungsfunktion im laufenden Betrieb optimiert. Auch er beschränkt sich dabei auf die Rotationsachsen [BLAS17]. Erst Mayer und Bitar-Nehme beginnen die Abweichungen der Linearachsen einer fünfachsigen Maschine ebenfalls zu modellieren. Bei ihrem Ansatz werden die Motorleistungen der Rotationsachsen als Eingangsdaten zur Identifikation einer Teilmenge der geometrischen Abweichungen verwendet. Zur Messung der geometrischen Abweichungen verwenden sie den R-Test [BITA18] (s. Kapitel 2.3.2). Wennemer versucht die thermo-elastischen Abweichungen einer dreiachsigen Maschine ebenfalls mit Hilfe eines PT1-Modells vorherzusagen. Die TCP-Verlagerungen werden mit einem Tracking-Interferometer gemessen und anschließend in die geometrischen Abweichungen umgerechnet (s. Kapitel 2.3.2). Als Eingangsdaten werden die steuerungsinternen Daten und die Temperaturdaten der Maschinenstruktur verwendet. Die Bestimmung der Modellparameter erfolgt iterativ mittels der Levenberg-Marquardt-Methode [WENN18]. Die Methode der Übertragungsfunktion ermöglicht ein robustes Modell und hat gegenüber anderen Modellierungsmethoden die Vorteile, dass sie bereits basierend auf wenigen Messdatensätzen angewendet werden kann und keinen großen Rechenaufwand erfordert.

2.5 Forschungsbedarf

Research demand

Um die Präzision von Werkzeugmaschinen unter dem Einfluss von thermo-elastischer Strukturverformungen zu erhöhen, ist die Untersuchung der resultierenden instationären thermo-elastischen Abweichungen unumgänglich.

Nach dem aktuellen Stand der Technik existieren bereits Ansätze zur Messung thermo-elastischer Abweichungen, insbesondere für dreiachsige Werkzeugmaschinen. Die thermo-elastischen Abweichungen von fünfachsigen Werkzeugmaschinen können hingegen bislang nur mit sehr großem Mehraufwand gemessen werden. Zudem sind die meisten existierenden Messmethoden nicht in der Lage, die thermo-elastischen Abweichungen der fünfachsigen Werkzeugmaschine innerhalb kurzer Zeit zu messen. In der Industrie besteht der Bedarf an einer möglichst kostengünstigen, jedoch robust, einfach und schnell umsetzbaren Messung und Modellierung der thermo-elastischen Abweichungen. Hierbei zeigt der neuer Ansatz des dynamischen R-Tests das Potential auf, innerhalb kürzester Zeit eine Momentaufnahme der thermo-elastischen Abweichungen der fünfachsigen Werkzeugmaschinen aufzunehmen. Zur Bestätigung des Potenzials muss zunächst die Messmethode entwickelt und eine detaillierte Analyse der Messmethode, insbesondere der messbaren Abweichungen und der Messunsicherheit, durchgeführt werden.

Wird die Momentaufnahme wiederholt in verschiedenen Zuständen der Werkzeugmaschine durchgeführt, kann das thermo-elastische Verhalten analysiert werden. Die hohe Anzahl von Abweichungen, die mit der neuen Messmethode potenziell gemessen werden können, ermöglicht eine detaillierte Analyse. Darüber hinaus können diese Daten zur Modellierung des thermo-elastischen Verhaltens mit steuerungsinternen Daten und Temperaturdaten verwendet werden. Durch die Berücksichtigung der zusätzlichen Abweichungen, die mit den bisherigen Messmethoden nicht untersucht werden konnten, kann die Qualität der Analyse und Modellierung erhöht werden. Die Modellierungsmethode mittels einer PT1-Transferfunktion, deren Anwendung bereits in verschiedenen Forschungen validiert wurde, kann hier herangezogen werden. Sie ermöglicht eine robuste Modellierung mit kleinen Datensätzen und geringem Rechenaufwand.

Die Messmethode des dynamischen R-Tests sowie deren Anwendung zur Analyse und Modellierung des thermo-elastischen Verhaltens bietet das Potential, das Genauigkeitsverhalten der fünfachsigen Werkzeugmaschinen zu verbessern und den Anforderungen der Industrie gerecht zu werden.

2.6 Mathematische Grundlagen

Mathematical foundation

In diesem Kapitel werden die mathematischen Grundlagen sowie Methoden, die in dieser Arbeit verwendet werden, beschrieben.

2.6.1 Kinematische Modellierung

Kinematic modelling

Homogene Transformationsmatrix

Eine Transformationsmatrix ${}^{i}_{j}T$ ist eine 4x4 Matrix, die im kartesischen Raum ein Koordinatensystem *i* in ein Koordinatensystem *j* transformiert. Ein Punkt im Koordinatensystem i kann mit dieser Matrix im Koordinatensystem j, wie in Gleichung (2.1), dargestellt werden. Handelt es sich um die Transformation zwischen homogenen Koordinatensystemen, so ist diese Matrix eine homogene Transformationsmatrix. In diesem Fall stellt die 3x3-Matrix R (oben links) in Gleichung (2.2) die Transformation der Orientierung und der 3x1-Vektor L (oben rechts) die Transformation der Lage dar. Der 1x3 Vektor (links unten) wird als perspektiver Vektor und der 1x1 Zeilenvektor als Skalierungsfaktor bezeichnet.

$$L_j = {}^{i}_{j}T \cdot L_i \tag{2.1}$$

$${}^{i}_{j}T = \begin{bmatrix} r_1 & r_2 & r_3 & l_x \\ r_4 & r_5 & r_6 & l_y \\ r_7 & r_8 & r_9 & l_z \\ 0 & 0 & 0 & 1 \end{bmatrix} = \begin{bmatrix} R & L \\ 0^T & 1 \end{bmatrix} \tag{2.2}$$

Die homogenen Transformationsmatrizen für lineare Verschiebungen x, y, z in Richtung X, Y, Z und für die Rotationen α, β, γ um Richtung X, Y, Z lauten:

$$
{}_j^iT(x,y,z) = \begin{bmatrix} 1 & 0 & 0 & x \\ 0 & 1 & 0 & y \\ 0 & 0 & 1 & z \\ 0 & 0 & 0 & 1 \end{bmatrix},\ {}_j^iT(\alpha) = \begin{bmatrix} 1 & 0 & 0 & 0 \\ 0 & \cos\alpha & -\sin\alpha & 0 \\ 0 & \sin\alpha & \cos\alpha & 0 \\ 0 & 0 & 0 & 1 \end{bmatrix},
$$
$$
{}_j^iT(\beta) = \begin{bmatrix} \cos\beta & 0 & \sin\beta & 0 \\ 0 & 1 & 0 & 0 \\ -\sin\beta & 0 & \cos\beta & 0 \\ 0 & 0 & 0 & 1 \end{bmatrix},\ {}_j^iT(\gamma) = \begin{bmatrix} \cos\gamma & -\sin\gamma & 0 & 0 \\ \sin\gamma & \cos\gamma & 0 & 0 \\ 0 & 0 & 1 & 0 \\ 0 & 0 & 0 & 1 \end{bmatrix} \tag{2.3}
$$

Kinematische Kette

Für die Modellierung der Werkzeugmaschine muss zunächst die einzelne Bewegungsachse modelliert werden. Dazu kann die Transformation einer Bewegungsachse ${}_j^iT_A$ in die vier Transformationen ${}_j^iT_p$, ${}_j^iT_{pe}$, ${}_j^iT_s$ und ${}_j^iT_{se}$ zerlegt werden [WUYI10]. Die Transformation ${}_j^iT_p$ beschreibt die relative Lage und Orientierung der Bewegungsachse zur vorherigen Bewegungsachse oder zum Referenzkoordinatensystem. Die Transformation ${}_j^iT_{pe}$ beschreibt die Lage- und Orientierungsabweichungen der Bewegungsachse (Kapitel 2.1). Die Bewegung der Achse wird mit der Transformation ${}_j^iT_s$ und die zugehörigen Bewegungsabweichungen mit der Transformation ${}_j^iT_{se}$ beschrieben.

Die beiden Transformationen ${}_j^iT_p$, ${}_j^iT_s$ werden mit den zugehörigen Transformationsmatrizen aus Gleichung (2.3) ermittelt. Die Abweichungsmatrix ${}_j^iT_e$ gilt für die beiden Abweichungsmatrizen ${}_j^iT_{pe}$ sowie ${}_j^iT_{se}$ und wird als Multiplikation der Transformationsmatrizen der vorhandenen Abweichungen beschrieben (Die Bezeichnung der Bezugskoordinatensysteme i und j wird für die bessere Lesbarkeit verzichtet.).

$$
{}_j^iT_e = T(x_e) \cdot T(y_e) \cdot T(z_e) \cdot T(\alpha_e) \cdot T(\beta_e) \cdot T(\gamma_e) \tag{2.4}
$$

Sind die Abweichungen sehr klein, ist die Reihenfolge der Multiplikationen der Transformationsmatrizen irrelevant. In diesem Fall kann Gleichung vereinfacht werden, indem die Methode der Kleinwinkelnäherung verwendet wird:

$$
{}_j^iT_e(e) = \begin{bmatrix} 1 & -\gamma_e & \beta_e & x_e \\ \gamma_e & 1 & -\alpha_e & y_e \\ -\beta_e & \alpha_e & 1 & z_e \\ 0 & 0 & 0 & 1 \end{bmatrix} \tag{2.5}
$$

Die vollständige Transformationsmatrix einer Linearachse und einer Rotationsachse ist in Gleichung (2.6) und (2.7) dargestellt. Die Verkettung mehrerer Bewegungsachsen erfolgt nach Gleichung (2.8).

$$
{}_j^iT_A = {}_j^iT_p \cdot {}_j^iT_{pe} \cdot {}_j^iT_s \cdot {}_j^iT_{se} \tag{2.6}
$$

$$
{}_j^iT_A = {}_j^iT_p \cdot {}_j^iT_{pe} \cdot {}_j^iT_{se} \cdot {}_j^iT_s \tag{2.7}
$$

$$
{}_0^nT_A = \prod_{i=1}^{n} {}_{i-1}^{\ \ i}T_A \tag{2.8}
$$

Unter der Annahme des Starrkörpermodells kann ein mehrachsiges System wie eine Werkzeugmaschine mit dieser Methode vollständig modelliert werden.

2.6.2 B-Spline

B-Spline

Die Bewegungsabweichungen sind von der jeweiligen Achsposition abhängig und stellen somit eine kontinuierliche Funktion dar. Um aus den begrenzten Daten einen Kurvenverlauf zu generieren, können die Bewegungsabweichungen mit Hilfe von Basis-Splines, also B-Spline, dargestellt bzw. interpoliert werden. Eine B-Spline-Kurve kann nach Gleichung (2.9) berechnet werden [PIEG97].

$$C(u) = \sum_{i=0}^{n} P_i \cdot N_{i,p}(u) \tag{2.9}$$

$N_{i,p}$ = Basisfunktion

P_i = Kontrollpunkt (Vorfaktor)

u = Knotenpunkte

p = Spline-Grad

Die Form der Basisfunktion hängt vom Spline-Grad ab. So entspricht eine Basisfunktion erster Ordnung ($N_{i,1}(u)$) einem Dreieck, das sich über drei benachbarte Knotenpunkte erstreckt. Die Berechnung der Basisfunktion erfolgt nach den Gleichungen (2.10) und (2.11).

$$N_{i,p}(u) = \begin{cases} 1, & u_i \leq u \leq u_{i+1} \\ 0, & sonst \end{cases} \tag{2.10}$$

$$N_{i,p}(u) = \begin{cases} \dfrac{u - u_i}{u_{i+p} - u_i} * N_{i,p-1}(u) + \dfrac{u_{i+p+1} - u}{u_{i+p+1} - u_{i+1}} * N_{i+1,p-1}(u), & u_{i-p} \leq u \leq u_{i+1+p} \\ 0, & sonst \end{cases} \tag{2.11}$$

2.6.3 Lösungsverfahren linearer Gleichungssysteme

Solving linear equation systems

Sei das lineare Ausgleichsproblem mit der allgemeinen Systemmatrix $M \in \mathbb{R}^{m \times n}$, einem unbekannten Lösungsvektor $k \in \mathbb{R}^{n \times 1}$ und dem Ausgangsvektor $b \in \mathbb{R}^{m \times 1}$ wie in Gleichung (2.12) gegeben.

$$M \cdot k = b \tag{2.12}$$

Lineare Gleichungssysteme dieser Form lassen sich durch numerische Verfahren, wie die der LR-, Cholesky-, QR- oder der Singulärwertzerlegung (SVD), lösen. Allerdings sind die Cholesky- und die LR-Zerlegung lediglich für reguläre Matrizen beziehungsweise nichtsinguläre Matrizen der Form $n \times n$ einzusetzen. Die QR- und SVD können hingegen auch für singuläre und überbestimmte Matrizen der Form $m \times n$, $m \geq n$ angewendet werden [DAHM08]. Die SVD hat gegenüber der QR-Zerlegung den Vorteil, dass sie Informationen über die Lösbarkeit des linearen Gleichungssystems sowie die Bewertung der Lösung liefert. In dieser Arbeit wird die SVD zur Berechnung der thermo-elastischen Abweichungen der Werkzeugmaschinen verwendet.

Singulärwertzerlegung

Eine beliebige Matrix $M \in \mathbb{R}^{m \times n}$ lässt sich mittels orthogonaler Matrizen U und V in ihre Singulärwerte zerlegen:

$$U^T M V = S = \begin{pmatrix} s_1 & 0 & \cdots & 0 & 0 \\ 0 & \ddots & \ddots & \vdots & \vdots \\ \vdots & \ddots & \ddots & 0 & \vdots \\ 0 & \cdots & 0 & s_R & \vdots \\ 0 & \cdots & \cdots & \cdots & 0 \end{pmatrix} \tag{2.13}$$

Die s_i sind die Singulärwerte bzw. Eigenwerte der Matrix M. Die Spalten der orthogonalen Matrix U sind die Eigenvektoren von MM^T und die Spalten der orthogonalen Matrix V sind die Eigenvektoren von $M^T M$ [OHM16]. Die Singulärwerte lassen sich aus der Wurzel der Eigenwerte von $M^T M$ bestimmen:

$$s_i|_{i=1,\dots,R} = \sqrt{\lambda_i(M^T M)} \tag{2.14}$$

Lösen eines Ausgleichsproblems mittels Singulärwertzerlegung

Um den Lösungsvektor k des linearen Ausgleichsproblems mittels der Gleichung (2.15) bestimmen zu können, ist für den allgemeinen Fall die Pseudoinverse der Systemmatrix M^+ zu ermitteln.

$$k = M^+ \cdot b \tag{2.15}$$

Mithilfe der Singulärwertzerlegung ergibt sich mit Gleichung (2.13) und (2.16) die Pseudoinverse der Systemmatrix in Gleichung (2.17).

$$S^+ = diag(s_1^{-1}, \dots, s_R^{-1}, \dots, 0) \tag{2.16}$$

$$M^+ = (USV^T)^{-1} = VS^+U^T \tag{2.17}$$

Der Lösungsvektor k des linearen Ausgleichsproblems lässt sich durch Einsetzen der Gleichung (2.17) in (2.15) bestimmen:

$$k = VS^+U^T b \tag{2.18}$$

Die Residuen beschreiben die Restabweichung des Ausgleichsproblems:

$$r = Mk - b \tag{2.19}$$

Die Matrix M habe die Singulärwertzerlegung wie in obigem Theorem. Dann ist die unskalierte Kovarianzmatrix C des Lösungsvektors gegeben durch [SCHR93, LAWS74]:

$$c_{ij} = \sum_{k=1}^{N} \frac{v_{ik} v_{jk}}{s_k^2}, \tag{2.20}$$

wobei v die einzelnen Elemente der Matrix V sind. Die Diagonalelemente der Matrix C sind die Varianzen und ihre Wurzeln die Standardabweichungen. Die Standardabweichungen geben an, wie sich die Gleichungsstruktur auf die individuelle Verlässlichkeit der ermittelten Lösungen auswirkt. Wenn der Lösungsvektor b das Rauschen mit dem Erwartungswert 0 und der Standardabweichung σ aufweist, ist die Standardabweichung des i-ten identifizierten Parameters in k gegeben durch:

$$\sigma\sqrt{c_{ii}} \tag{2.21}$$

2.6.4 Levenberg-Marquardt

Levenberg-Marquardt

Die Levenberg-Marquardt-Methode ist ein iterativer Lösungsansatz für nichtlineare Regressionsprobleme [ASTE18]. Ihr Ziel ist es, einen geschätzten Datensatz möglichst nah an einen gemessenen Datensatz anzugleichen. Um dies zu erreichen werden die Modellparameter schrittweise so angepasst, dass die 2-Norm des Residuums minimiert wird. Dabei kann der Anwender durch Begrenzungen ungewollte Teilbereiche des Parameterraums aus den Lösungsmöglichkeiten ausschließen. Die iterative Anpassung wird so lange fortgeführt, bis ein vom Anwender selbst festgelegtes Abbruchkriterium erfüllt ist. Um das Vorgehen dieser Optimierungsmethode zu verdeutlichen, werden zuerst alle relevanten Parameter dargestellt:

ε = Vektor der gemessenen Daten

$m^{(s)}$ = Vektor aller Modellparameter zur Optimierung im s-ten Optimierungsschritt

$m^{(0)}$ = Anfangswerte der Modellparameter

$G(m^{(s)})$ = Modellfunktion, welche die Messdaten ε schätzt

Auf dieser Grundlage können nun die für den Algorithmus notwendigen Werte definiert werden. $F(m^{(s)})$ ist der mit w gewichtete Residualvektor, dessen 2-Norm (euklidische Norm) das Minimierungsobjekt darstellt (Gleichung (2.22) und (2.23)). Der Parameter w bietet hierbei dem Anwender die Möglichkeit zur unterschiedlichen Gewichtung der Datenpunkte und der Parameter t entspricht den verschiedenen Messpunkten.

$$f_t(m^{(s)}) = \frac{G(m^{(s)})_t - \varepsilon_t}{w_t}, \qquad t = 1, \dots, n \tag{2.22}$$

$$F(m^{(s)}) = \begin{pmatrix} f_1(m^{(s)}) \\ \vdots \\ f_n(m^{(s)}) \end{pmatrix} \tag{2.23}$$

Des Weiteren wird noch die Jacobi-Matrix von $F(m)$ benötigt (Gleichung (2.24)).

$$J(m^{(s)}) = \begin{pmatrix} \frac{\partial f_1(m^{(s)})}{\partial m_1} & \cdots & \frac{\partial f_1(m^{(s)})}{\partial m_p} \\ \vdots & \ddots & \vdots \\ \frac{\partial f_n(m^{(s)})}{\partial m_1} & \cdots & \frac{\partial f_n(m^{(s)})}{\partial m_p} \end{pmatrix} \tag{2.24}$$

In jedem Iterationsschritt wird die Änderung der Modellparameter δm durch Gleichung (2.25) und (2.26) berechnet:

$$m^{(s+1)} = m^{(s)} + \delta m^{(s+1)} \tag{2.25}$$

$$\left(J(m^{(s)})^T \cdot J(m^{(s)}) + \lambda \cdot I\right) \cdot \delta m^{(s+1)} = -J(m^{(s)})^T \cdot F(m^{(s)}) \tag{2.26}$$

Der Parameter λ, der mit der Einheitsmatrix I multipliziert wird, sollte vom Anwender so gewählt werden, dass alle Eigenwerte der Matrix $(J(m)^T \cdot J(m) + \lambda \cdot I)$ positiv und mit ausreichendem Abstand von Null verschieden sind. Damit ist eine problemlose numerische Inversion gewährleistet. Schließlich ergibt sich dadurch die iterative Gleichung (2.27) für den Parametervektor:

$$m^{(s+1)} = m^{(s)} - \left(J(m^{(s)})^T \cdot J(m^{(s)}) + \lambda \cdot 1\right)^{-1} \cdot J(m^{(s)})^T \cdot F(m^{(s)}) \tag{2.27}$$

Verwendet der Anwender Begrenzungen, die dem neuen Parameterzustand widersprechen, so ist der nach der euklidischen Norm nächstbeste zulässige Vektor zu verwenden.

3 Zielsetzung und Aufgabenstellung

Objectives and tasks

Für die Analyse und Modellierung des thermo-elastischen Verhaltens von fünfachsigen Werkzeugmaschinen ist eine schnelle Messmethode essenziell, um den Zustand als Momentaufnahme erfassen zu können. Gleichzeitig muss die Messmethode möglichst viele geometrischen Abweichungen mit ausreichender Genauigkeit erfassen, um das thermo-elastische Verhalten der Werkzeugmaschine volumetrisch beschreiben zu können. Die Aussagekraft der Messung sowie die Qualität der Modellierung hängen somit direkt von der Messmethode und den messbaren Abweichungen ab. Aus dem Stand der Technik lässt sich jedoch ableiten, dass die Verfahren zur schnellen und genauen Messung der thermo-elastischen Abweichungen von fünfachsigen Werkzeugmaschinen wenig erforscht sind. Im Allgemeinen sind die Messmethoden in der Lage, entweder viele Abweichungen bei langer Messdauer oder wenige Abweichungen bei kurzer Messdauer zu messen. Darüber hinaus sind weitere Aspekte wie die Automatisierbarkeit, die Messunsicherheit und die Kosten für die entsprechende Anwendung der Messmethode zu berücksichtigen. Der neue Ansatz des dynamischen R-Tests zeigt ein hohes Potential zur Erfüllung dieser Anforderungen. Im Rahmen dieser Arbeit gilt es zunächst die Messmethode des dynamischen R-Tests für die Messung der thermo-elastischen Abweichungen von fünfachsigen Werkzeugmaschinen zu entwickeln. Zur Modellierung des thermo-elastischen Verhaltens kann die PT1-Übertragungsfunktion jeweils für die gemessenen Abweichungen mit Temperaturdaten sowie steuerungsinternen Daten trainiert werden. Die Vorteile dieser einfachen und robusten Modellierungsmöglichkeit wurden bereits in verschiedenen Arbeiten untersucht [WENN18, GEBH14]. Daher sind die Ziele dieser Dissertation:

- Entwicklung der Messmethode des dynamischen R-Tests zur schnellen und genauen Erfassung der thermo-elastischen Abweichungen von fünfachsigen Werkzeugmaschinen und Analyse der messbaren Abweichungen
- Analyse und Modellierung des thermo-elastischen Verhaltens von fünfachsigen Werkzeugmaschinen mit Hilfe der entwickelten Messmethode

Im Gegensatz zum herkömmlichen statischen R-Test werden beim dynamischen R-Test die Messwerte während der kontinuierlichen Bewegung der Maschine erfasst. Durch die Vermeidung des Maschinenstillstands kann somit ein hoher Informationsgehalt innerhalb einer sehr kurzen Messdauer generiert werden. Allerdings führt die kontinuierliche Bewegung zu einer erhöhten Fehleranfälligkeit, die sich negativ auf die Maschinen- sowie Messgenauigkeit auswirkt. Daher müssen die messbaren Abweichungen und deren Messunsicherheiten durch eine Messunsicherheitsanalyse ermittelt werden. Daraus ergibt sich die erste Forschungshypothese:

- Durch die Entwicklung der Messmethode des dynamischen R-Tests sowie eines entsprechenden Messprozesses kann der thermo-elastische Zustand von fünfachsigen Werkzeugmaschinen mit einer hohen Anzahl messbarer Abweichungen volumetrisch erfasst werden.

Aufgrund der potenziell hohen Anzahl an messbaren Abweichungen, die mit herkömmlichen Messmethoden nicht gemessen werden können, und der kurzen Messdauer bietet die neue Messmethode Vorteile für eine detaillierte Untersuchung und Modellierung des thermo-elastischen Verhaltens von fünfachsigen Werkzeugmaschinen. Daher liegt ein weiterer Schwerpunkt dieser Arbeit auf der thermischen Analyse der Maschine sowie auf der Modellierung, mit der das thermo-elastische Verhalten auf Basis der steuerungsinternen Daten und der Temperaturdaten vorhergesagt werden kann. Daraus ergibt sich die zweite Forschungshypothese:

- Durch die Nutzung des hohen Informationsgehalts des entwickelten Messprozesses kann das thermo-elastische Verhalten der fünfachsigen Werkzeugmaschine detailliert analysiert werden und ein robustes Modell zu dessen Vorhersage entwickelt werden.

Die Forschungshypothesen werden jeweils in den folgenden Kapiteln erforscht. Dabei wird zunächst die Messmethode entwickelt und die mathematische Methode zur Messung und Modellierung der thermo-elastischen Abweichungen beschrieben (Kapitel 4). Anschließend wird der Messprozess für eine Demonstratormaschine entwickelt und dessen Messunsicherheit basierend auf der Monte Carlo Methode und den experimentellen Untersuchungen analysiert (Kapitel 5). Der entwickelte Messprozess wird zur Analyse und Modellierung des thermo-elastischen Verhaltens der Werkzeugmaschine verwendet (Kapitel 6) und auf eine weitere fünfachsige Werkzeugmaschine übertragen (Kapitel 7). Im abschließenden Kapitel 8 werden die gewonnenen Erkenntnisse sowie offene Fragestellungen dieser Dissertation beschrieben.

4 Modellbildung

Model design

In diesem Kapitel werden die Grundlagen der Methoden zur Messung und Modellierung der thermo-elastischen Abweichungen der fünfachsigen Werkzeugmaschinen vorgestellt.

4.1 Methode zur Messung von Abweichungen von fünfachsigen Werkzeugmaschinen

Measurement method of errors on five-axis machine tools

Zunächst wird die Messmethode des dynamischen R-Tests einschließlich des Messsystems sowie der Datenerfassungsmethode und die vollständige mathematische Modellierung der fünfachsigen Werkzeugmaschine vorgestellt.

4.1.1 Messystem

Measurement system

Die dynamische R-Test-Messung erfordert einen Sensor, der an jedem Messpunkt den Abstand zwischen dem Sensor und der Messkugel bestimmt. Für diese Aufgabe wird ein berührungsloser Abstandssensor (Trinity) von IBS Precision Engineering eingesetzt, der den Abstand zu einer Messkugel in allen drei Raumrichtungen erfassen kann. Dies erreicht der Trinity-Sensor durch drei orthogonal angeordnete Wirbelstromsensoren. Die zur Messung verwendeten Messkugeln besitzen einen im Fuß integrierten Magneten, mit dem sie auf dem Werkstücktisch fixiert werden.

Bild 4.1: Sensor Trinity (links) [IBS22], Einsatz für die R-Test-Messung (rechts)

Trinity (left) [IBS22], its application for R-Test measurement (right)

Die Sensordaten werden über WLAN übertragen und können mit einer geeigneten Software auf einem PC gespeichert werden. Der Hersteller empfiehlt eine Kalibrierung des Sensors im Abstand von zwei Jahren. Der Sensor weist folgende Eigenschaften auf:

Tabelle 4.1: Technische Eigenschaft des Sensors Trinity

Technical feature of the Trinity sensor

Dimension	Länge: 135 mm, Durchmesser: 80 mm
Messbereich	3,5 mm in jede Richtung
Genauigkeit	< 1 µm ($\sigma = 2$) in jede Richtung
Messrate	2000 Hz
Kommunikation	W-Lan 2,4 GHz, 802.11b/g/n Standard, WPA2- Sicherheit Aufnahme der Daten durch die Herstellersoftware und deren Schnittstelle
Mechanische Schnittstelle	16 mm Spannschaft

4.1.2 Dynamischer R-Test

Dynamic R-Test

Das Messprinzip des dynamischen R-Tests basiert auf dem R-Test (Bild 4.2 (a)). Bei Verwendung des Sensors wird dieser anstelle eines Fräswerkzeugs in der Spindel verwendet und die Kugel auf dem Werkstücktisch montiert. Für die Messung wird der Sensor zunächst über der Kugel positioniert, sodass der Abstand zwischen dem Sensor und der Kugel nahezu Null ist. Anschließend werden die Rotationsachsen auf einer definierten Trajektorie verfahren, wobei die Linearachsen der Bewegung der Rotationsachsen synchron folgen. Dazu wird eine entsprechende Funktion in der Steuerung, wie „Traori" bei der SINUMERIK-Steuerung (Siemens), verwendet. Die Änderung des Abstands zwischen dem Sensor und der Kugel (TCP-Verlagerung), der sich bei einer idealen und fehlerfreien Maschinenbewegung nicht ändern sollte, wird für die anschließende Berechnung der einzelnen geometrischen Abweichungen verwendet. Bild 4.2(a) zeigt eine mögliche Messtrajektorie auf Basis einer Kugelposition. Hierbei fährt zunächst die A-Achse zu einer definierten Position und bleibt dort stehen, während die C-Achse eine volle Umdrehung ausführt. Diese Bewegung wird an verschiedenen Positionen der A-Achse und gegebenenfalls bei unterschiedlichen Kugelpositionen wiederholt.

Der dynamische R-Test zeichnet sich durch folgende Merkmale aus:

- Kurze Messdauer durch Vermeidung des Maschinenstillstands während der Messung
- Große Datenmenge für die hochaufgelösten Maschinenpositionen durch die kontinuierliche Messung

Da bei der konventionellen statischen Messung die Maschine während der Messung stillsteht, kann nur bei einer langen Messdauer eine große Datenmenge aufgenommen werden. Der dynamische R-Test hat jedoch gegenüber der statischen Messung folgende Nachteile:

- Aufgrund der kontinuierlichen Bewegungen werden auch dynamische Abweichungen verursacht, die von der Maschinenposition und -geschwindigkeit abhängen.
- Aufgrund der begrenzten Steifigkeit der Maschinenkomponenten werden durch die dynamischen Bewegungen zusätzliche steifigkeitsbedingte Abweichungen verursacht.
- Die genaue Maschinenposition zu den jeweiligen Messdaten ist nicht bekannt, da sich die Maschine kontinuierlich in Bewegung befindet. Daher ist eine Synchronisation der Maschinenposition mit den Messdaten erforderlich.

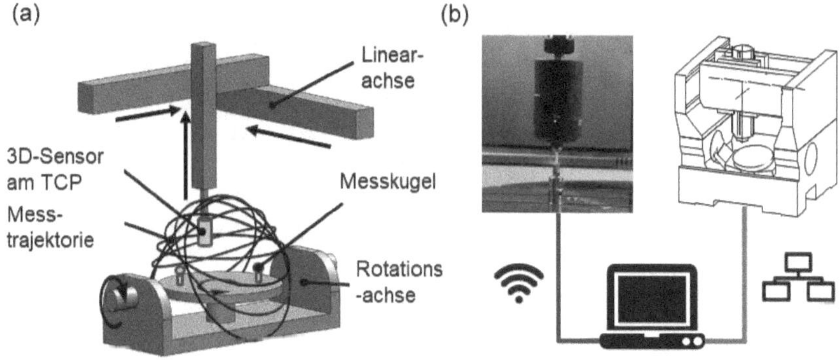

Bild 4.2: Aufbau des Sensors und der Messkugel und Messtrajektorie für den dynamischen R-Test (a) und das Grundprinzip der Datenerfassungsmethode (b)

Setup of the sensor and the reference ball as well as measurement trajectory for the dynamic R-Test (a) and the basic principle of the data acquisition method (b)

Ziel der zu entwickelnden Messmethode ist die Messung des thermo-elastischen Verhaltens, das der Änderung der geometrischen Abweichungen zwischen zwei Zuständen entspricht. Daher kann die Differenz zwischen zwei R-Test-Messungen zu unterschiedlichen Messzeitpunkten zur Berechnung der thermo-elastische Abweichungen verwendet werden. In diesem Fall können die steifigkeitsbedingten Abweichungen der Maschine vernachlässigt werden, wenn die Maschine beim dynamischen R-Test immer die gleichen Bewegungen ausführt. Die Steifigkeiten der Achsen sowie Komponenten können sich ebenfalls unter thermischen Einflüssen verändern. Diese Änderungen sind jedoch im Rahmen des üblichen Temperaturbereichs nicht signifikant und können vernachlässigt werden [LEE07, MAYR12]. Schwingungen, die zu unsystematischen Unsicherheiten führen, müssen jedoch in der Messunsicherheitsanalyse berücksichtigt werden. Zur Sicherstellung der Grundgenauigkeit der Maschine können die geometrischen Abweichungen a priori mit dem statischen R-Test oder anderen Messmethoden wie Laserinterferometer oder LaserTRACER kalibriert werden.

Umsetzung der Software für die Datenerfassung

Für die Zuordnung der Messdaten zur jeweiligen Maschinenposition ist eine zusätzliche Software erforderlich, die die Sensordaten und die Maschinenposition synchron erfasst. Zunächst wird die Funktionsweise der entwickelten Software vorgestellt. Der Sensor misst den 3D-Abstand mit 2000 Hz. Zur robusten Erfassung der Sensordaten wird ein Medianfilter verwendet, der aus einem Datenpaket von 20 Messdaten jeweils einen Medianwert für die X-, Y- und Z-Richtung berechnet und speichert. Die Maschinenposition wird über eine Ethernet-Verbindung zur Steuerung erfasst (Bild 4.2 (b)). Für die Schnittstelle zur Steuerung wird die Software ACCON-AGLink der Firma Delta Logik GmbH [DELT21] verwendet. Für die Entwicklung und den Einsatz wurden zwei Steuerungsvarianten der Firma Siemens AG vorgesehen: SINUMERIK 840D Powerline und Solutionline. Die neuere Steuerung der beiden, die SINUMERIK 840D Solutionline, nutzt bereits Ethernet zur Kommunikation zwischen dem NC-Kern und der HMI (Human-Machine-Interface). Sie kann daher direkt über die Schnittstelle von ACCON-AGLink angebunden werden und benötigt keine weiteren Schnittstellen zur separaten Datenerfassung. Die Datenerfassungsfrequenz ist abhängig von der Konfiguration und der Leistungsfähigkeit des NC-Kernels. Bei der Erfassung von Positionsdaten ist die maximal sinnvolle Datenrate durch den Interpolationstakt der Steuerung begrenzt, da die Maschinenposition mit diesem Takt aktualisiert wird. Um die Frequenz der Datenerfassung zu maximieren, verwendet die Software unterschiedliche Threads für Sensordaten und Steuerungsdaten. Die erfassten Sensordaten und die Steuerungsdaten werden synchron mit der Zeitinformation der gemeinsamen Uhr des verwendeten PCs gespeichert. Durch die Nutzung des zentralen PCs als gemeinsame Plattform wird das Problem der Asynchronität der unterschiedlichen Uhren zweier Systeme vermieden, sodass nur noch die Ungenauigkeit der Datenverbindung verbleibt [SCHM22].

Bild 4.3 zeigt beispielhaft die mit der entwickelten Software aufgezeichneten Daten des Sensors sowie der Steuerung SINUMERIK 840D Solutionline während einer Umdrehung einer Rotationsachse auf Basis des dynamischen R-Tests innerhalb von ca. 5,5 Sekunden. Insgesamt wurden ca. 470 Sensordaten aufgenommen, bei den der Messwert in X-Richtung zwischen - 0,1 und 0,4 mm liegt. Die Zeitintervalle der Sensordaten liegen zwischen 5 und 23 ms, wobei die meisten zwischen 10 und 13 ms liegen. Die Peaks können durch die instabile WLAN-Verbindung sowie durch die Rechen- und Umgebungsbedingungen verursacht werden. Innerhalb der Messdauer werden ca. 1100 Datenpunkte der Steuerungsdaten aufgenommen. Dabei bewegt sich die X-Achse zwischen 300 und -300 mm. Die Zeitintervalle liegen zwischen 1 und 17 ms, wobei die meisten zwischen 4 und 9 ms liegen.

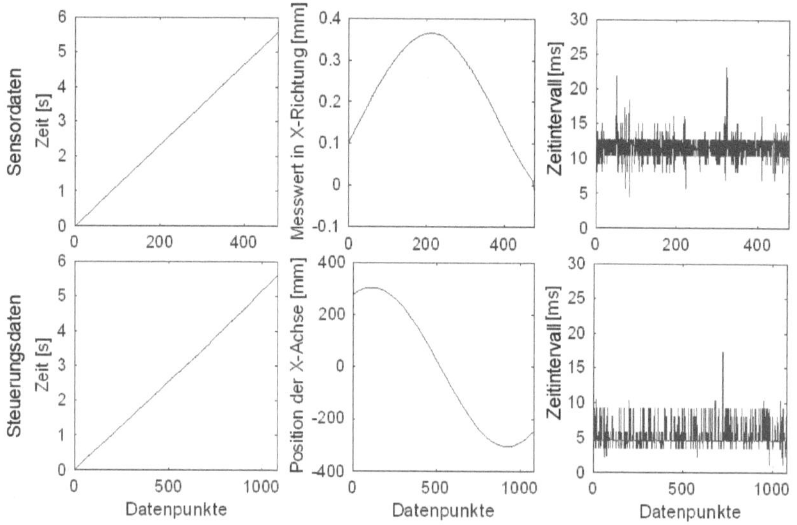

Bild 4.3: Test der Datenerfassungssoftware bei der SINUMERIK-Steuerung 840D Solutionline

Test of the data acquisition software on the SINUMERIK 840D Solutionline

Bei der Vorgängerversion der Steuerung, SINUMERIK 840D Powerline, erfolgt die Kommunikation zwischen NC-Kernel und HMI über Bussysteme. Für die Kommunikation mit der Steuerung über ACCON-AGLink wird daher ein Adapter ACCON-Netlink-Pro-Kompakt verwendet, der an die MPI-Schnittstelle der Steuerung angeschlossen wird und das Protokoll der Datenpakete für die bidirektionale Kommunikation übersetzen kann. Da die Frequenz des Bussystems niedriger ist und die notwendigen Protokollübersetzungen des Adapters weitere Zeit in Anspruch nehmen, ist die Datenerfassungsfrequenz im Vergleich zur Solutionline langsamer.

Bild 4.4 zeigt ein Beispiel der aufgezeichneten Daten der Steuerung SINUMERIK 840D Powerline. Die Erfassungsfrequenz der Sensordaten ist ähnlich wie bei der Solutionline, da die Eigenschaften der Software für das Sensorsystem gleichgeblieben sind. Die Erfassungsfrequenz der Steuerungsdaten liegt bei ca. 17 ms (zwischen 15 und 23 ms) und ist damit langsamer als bei der Solutionline. Die beiden Ausreißer, die während der Bewegung zu sehen sind, sind der Backlash, der durch die Richtungsänderungen der Achsen verursacht wird.

Stark schwankende Datenraten aufgrund von Kommunikationsstörungen führen zu Ungenauigkeiten in der Messung. Bei der Kommunikation über WLAN gibt es verschiedene Ursachen für Kommunikationsstörungen, die zufällig auftreten können [MURR15]. Um diesen Einfluss zu vermeiden, werden Daten, bei denen die Datenrate innerhalb eines kurzen Zeitraums stark schwankt, für die weiteren Berechnungen nicht verwendet. Beispielsweise werden die Sensordaten in Bild 4.4, bei denen die Zeitdifferenz größer als 13 ms und kleiner als 10 ms ist, für die weiteren Berechnungen vernachlässigt.

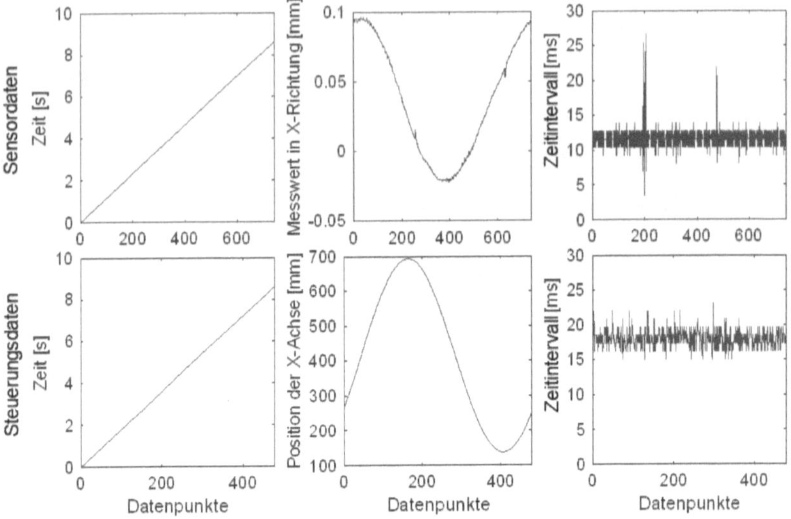

Bild 4.4: Test der Datenerfassungssoftware bei der SINUMERIK-Steuerung 840D Powerline

Test of the data acquisition software on the SINUMERIK 840D Powerline

Für die Berechnung der einzelnen Abweichungen im R-Test müssen die Sensordaten für die jeweiligen Maschinenpositionen bekannt sein. Zur robusten Berechnung des entsprechenden Sensorwertes wird daher die Methode der B-Spline-Interpolation zwischen den Sensorwerten verwendet. Dabei ist darauf zu achten, dass alle für die Interpolation verwendeten Sensordaten innerhalb der oben genannten Zeitdifferenz aufgenommen wurden.

4.1.3 Geometrisch-kinematische Modellierung der Werkzeugmaschine

Geometric-kinematic modelling of the machine tool

Um die Kalibriermethode des R-Tests anwenden zu können, muss zunächst die verwendete Werkzeugmaschine entsprechend mathematisch modelliert werden. Dabei wird der Fehler der Werkzeugmaschine unter Berücksichtigung der einzelnen Abweichungen der Bewegungsachsen mathematisch beschrieben. Dazu wird eine Modellierungsmethode mit homogenen Transformationsmatrizen unter Annahme eines Starrkörpermodells verwendet. Der Ansatz des Starrkörpermodells für die geometrische Betrachtung wurde bereits in verschiedenen Untersuchungen validiert [WUYI10, FLOR16, WENN18, BEHR23] und wird für den dynamischen R-Test angenommen. Zunächst wird eine Bewegungsachse mit Hilfe der homogenen Transformationsmatrix wie in Gleichungen (2.1) – (2.3) modelliert. Die Bewegungsachsen werden miteinander wie in Gleichung (2.8) verknüpft, so dass die Lage einer Bewegungsachse relativ zur vorhergehenden Bewegungsachse bzw. zum Referenzpunkt beschrieben wird. Ausgehend von einer Referenzposition des Koordinatensystems werden zwei Vektorzüge jeweils zum Werkstück und zum Werkzeug einer Werkzeugmaschine gelegt. Damit wird der Fehler der Werkzeugmaschine modelliert. Da die geometrisch-kinematische Modellierung der Werkzeugmaschine bereits in [BEHR23] ausführlich beschrieben wurde, stellt dieses Kapitel eine Zusammenfassung dar und konzentriert sich auf die Kerngleichungen, die später zur Berechnung der Abweichungen benötigt werden.

Die Bewegungsachsen der Werkzeugmaschine können in zwei Gruppen eingeteilt werden, basierend auf der kinematischen Kette der entsprechenden Achsen. Wie in Bild 4.5 links dargestellt, besteht die Gruppe t aus den werkzeugseitigen Bewegungsachsen und die Gruppe w aus den werkstückseitigen Bewegungsachsen der Werkzeugmaschine. Die Bewegungsachsen werden wie in Kapitel 2.6.1 beschrieben modelliert.

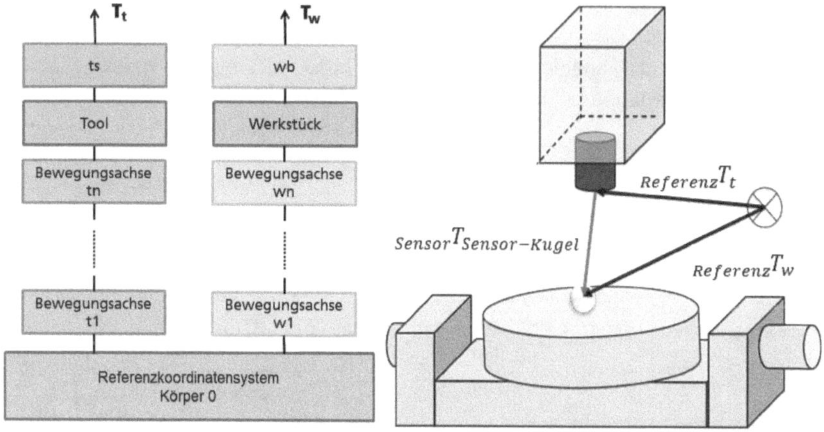

Bild 4.5: Aufbau der kinematischen Kette (links) und Darstellung der Maschinenverlagerung im Sensorkoordinatensystem (rechts)

Kinematic chain (left) and representation of the machine displacement in the sensor coordinate system (right)

Am Ende der kinematischen Kette werden zwei Transformationen T_{ts} und T_{wb} eingefügt. Diese beschreiben die Transformation von der letzten Bewegungsachse zum TCP bzw. zum Werkstück, beispielsweise beim R-Test die Transformation zum Sensor bzw. zur Kugel. Die beiden Transformationen sind die Einheitsmatrizen mit den entsprechenden Lageinformationen (Gleichung (2.3)). Die Transformationen der einzelnen Bewegungsachsen ergeben zusammen wie in Gleichungen (2.6) – (2.8) die werkzeugseitige Transformation T_t und die werkstückseitige Transformation T_w:

$$T_t = T_{t1} \cdot ... \cdot T_{tn} \cdot T_{ts} \tag{4.1}$$

$$T_w = T_{w1} \cdot ... \cdot T_{wn} \cdot T_{wb} \tag{4.2}$$

Die Transformationsmatrix von der Kugel zum Sensor $T_{Sensor\text{-}Kugel}$ im Sensorkoordinatensystem, wie in Bild 4.5 rechts, kann durch die Multiplikation der werkzeugseitigen mit der inversen werkstückseitigen Transformationsmatrix berechnet werden:

$$_{Sensor}T_{Sensor-Kugel} = T_t \cdot T_w^{-1} \tag{4.3}$$

Der Abstandsvektor L im entsprechenden Koordinatensystem ist der 3x1-Vektor auf der rechten Seite der Transformationsmatrix $T_{Sensor\text{-}Kugel}$.

$$T_{Sensor-Kugel} = \begin{bmatrix} R & L \\ 0^T & 1 \end{bmatrix} \tag{4.4}$$

Wenn der Sollabstand der Kugel zum Sensor Null ist, entspricht dieser Abstandsvektor L der 3D-Verlagerung der Werkzeugmaschine. In dieser Arbeit wird nur die 3D-Verlagerung verwendet und nicht der Orientierungsfehler am TCP, der ebenfalls in der Transformation $T_{Sensor\text{-}Kugel}$ vorhanden ist, jedoch mit dem verwendeten Sensor nicht messbar ist. Dadurch kann die Berechnung vereinfacht werden, um den Rechenaufwand zu reduzieren. Durch einfache Subtraktion der beiden 3x1-Translationsvektoren L_t und L_w in T_t und T_t aus den Gleichungen (4.1) und (4.2) ergibt sich der Abstandsvektor, e.g. 3D-Verlagerung, im Referenzkoordinatensystem:

$$_{Referenz}L_{Sensor-Kugel} = L_t - L_w \tag{4.5}$$

Linearisierung der Kinematische Kette

Für die Berechnung der Abweichungen kann das Gleichungssystem (4.5) wie in [SOON92, FLOR16] linearisiert werden. Zur Linearisierung des kinematischen Modells wird zunächst die Abweichungsmatrix ${}^i_jT_e$ (Gleichung (2.5)) in eine 4x4 Einheitsmatrix I und eine Abweichungstransformation $\delta^i_jT_e$ zerlegt:

$$^i_jT_e = I + \delta^i_jT_e \tag{4.6}$$

Dabei wird die Abweichungstransformation $\delta^i_jT_e$ wie in Gleichung (4.7) definiert [SOON92].

$$\delta^i_jT_e = \begin{bmatrix} 0 & -\gamma_e & \beta_e & x_e \\ \gamma_e & 0 & -\alpha_e & y_e \\ -\beta_e & \alpha_e & 0 & z_e \\ 0 & 0 & 0 & 0 \end{bmatrix} \tag{4.7}$$

Um die vollständige Abweichungsseparation durchzuführen, wird $\delta^i_jT_e$ wie Gleichung (4.8) weiter zerlegt.

$$\delta^i_jT_e = \delta T(x) \cdot x_e + \delta T(y) \cdot y_e + \delta T(z) \cdot z_e + \delta T(\alpha) \cdot \alpha_e + \delta T(\beta) \cdot \beta_e + \delta T(\gamma) \cdot \gamma_e \tag{4.8}$$

Hierbei werden die sechs Transformationsmatrizen für die translatorische Abweichungen (Gleichung (4.9)) und für die rotatorische Abweichungen (Gleichung (4.10)) definiert:

$$\delta T(x) = \begin{bmatrix} 0 & 0 & 0 & 1 \\ 0 & 0 & 0 & 0 \\ 0 & 0 & 0 & 0 \\ 0 & 0 & 0 & 0 \end{bmatrix}, \delta T(y) = \begin{bmatrix} 0 & 0 & 0 & 0 \\ 0 & 0 & 0 & 1 \\ 0 & 0 & 0 & 0 \\ 0 & 0 & 0 & 0 \end{bmatrix}, \delta T(z) = \begin{bmatrix} 0 & 0 & 0 & 0 \\ 0 & 0 & 0 & 0 \\ 0 & 0 & 0 & 1 \\ 0 & 0 & 0 & 0 \end{bmatrix} \tag{4.9}$$

$$\delta T(\alpha) = \begin{bmatrix} 0 & 0 & 0 & 0 \\ 0 & 0 & -1 & 0 \\ 0 & 1 & 0 & 0 \\ 0 & 0 & 0 & 0 \end{bmatrix}, \delta T(\beta) = \begin{bmatrix} 0 & 0 & 1 & 0 \\ 0 & 0 & 0 & 0 \\ -1 & 0 & 0 & 0 \\ 0 & 0 & 0 & 0 \end{bmatrix}, \delta T(\gamma) = \begin{bmatrix} 0 & -1 & 0 & 0 \\ 1 & 0 & 0 & 0 \\ 0 & 0 & 0 & 0 \\ 0 & 0 & 0 & 0 \end{bmatrix}. \tag{4.10}$$

Darauffolgend kann eine Transformation mit Abweichungen ${}^{i}_{j}T_{ist}$ durch die Solltransformation ${}^{i}_{j}T_{soll}$ und die Abweichungstransformation (Gleichung (4.7)) beschrieben werden:

$${}^{i}_{j}T_{ist} = {}^{i}_{j}T_{soll} \cdot (I + \delta{}^{i}_{j}T_e) \tag{4.11}$$

Mit dieser Methode lässt sich eine kinematische Kette aus mehreren homogenen Transformationsmatrizen (Gleichung (4.1) und (4.2)) wie folgt beschreiben [EMAN87]:

$${}^{n}_{0}T_{kette} = \prod_{i=1}^{n} {}^{\;\;i}_{i-1}T_{ist} = \prod_{i=1}^{n} {}^{\;\;i}_{i-1}T_{soll} \cdot (I + \delta{}^{\;\;i}_{i-1}T_e) \tag{4.12}$$

Dabei ist n die Anzahl der Solltransformationen. Die Gleichung (4.12) lässt sich weiter umformulieren:

$$\begin{aligned} {}^{n}_{0}T_{kette} = {} & \prod_{i=1}^{n} {}^{\;\;i}_{i-1}T_{soll} + \sum_{i}^{n} {}^{1}_{0}T_{soll} \cdot \ldots \cdot {}^{\;\;i}_{i-1}T_{soll} \cdot \delta{}^{\;\;i}_{i-1}T_e \cdot {}^{i+1}_{\;\;i}T_{soll} \cdot \ldots \cdot {}^{\;\;n}_{n-1}T_{soll} \\ & + \sum_{i=1}^{n-1} \sum_{j=i+1}^{n} {}^{1}_{0}T_{soll} \cdot \ldots \cdot {}^{\;\;i}_{i-1}T_{soll} \cdot \delta{}^{\;\;i}_{i-1}T_e \cdot {}^{i+1}_{\;\;i}T_{soll} \cdot \ldots \cdot {}^{\;\;j}_{j-1}T_{soll} \cdot \delta{}^{\;\;i}_{i-1}T_e \cdot {}^{j+1}_{\;\;j}T_{soll} \cdot \ldots \\ & \cdot {}^{\;\;n}_{n-1}T_{soll} \\ & + \ldots + {}^{1}_{0}T_{soll} \cdot \delta{}^{1}_{0}T_e \cdot \ldots \cdot {}^{\;\;n}_{n-1}T_{soll} \cdot \delta{}^{\;\;n}_{n-1}T_e \end{aligned} \tag{4.13}$$

Aufgrund der kleinen Abweichungen werden die Terme höherer Ordnungen für die weitere Berechnung vernachlässigt und somit nur die erste Ordnung der Abweichungen berücksichtigt:

$${}^{n}_{0}T_{kette} = \prod_{i=1}^{n} {}^{\;\;i}_{i-1}T_{soll} + \sum_{i=1}^{n} {}^{1}_{0}T_{soll} \cdot \ldots \cdot {}^{\;\;i}_{i-1}T_{soll} \cdot \delta{}^{\;\;i}_{i-1}T_e \cdot {}^{i+1}_{\;\;i}T_{soll} \cdot \ldots \cdot {}^{\;\;n}_{n-1}T_{soll} \tag{4.14}$$

In wenigen Fällen werden noch die Abweichungen zweiter Ordnung berücksichtigt [EMAN87], was aber in der vorliegenden Arbeit aufgrund der sehr kleinen Abweichungen (< 100 µm, 100 µrad) im Vergleich zum Messvolumen der Maschinen (> 200 mm in alle Richtungen) vernachlässigt werden kann.

Mit Gleichung (4.11) kann Gleichung (4.14) umgeschrieben werden:

$$
\begin{aligned}
{}^{n}_{0}T_{kette} = &\prod_{i=1}^{n} {}^{i}_{i-1}T_{soll} \\
&+ \sum_{i=1}^{n}\sum_{j=1}^{m} {}^{1}_{0}T_{soll} \cdot \ldots \cdot {}^{i}_{i-1}T_{soll} \cdot \delta T(E) \cdot {}^{i+1}_{i}T_{soll} \cdot \ldots \cdot {}^{n}_{n-1}T_{soll} \cdot E_j
\end{aligned}
\tag{4.15}
$$

Dabei sind n die Anzahl der Solltransformation, m die Anzahl der Abweichungen, E_j die jeweilige Abweichung und $\delta T(E)$ die zugehörigen Transformationsmatrizen aus den Gleichungen (4.9)-(4.10). Werden die Bewegungsachsen wie in Gleichung (2.6) und (2.7) modelliert, sind zwei Solltransformationen für jede Bewegungsachse vorhanden. In diesem Fall ist n die doppelte Anzahl der modellierten Bewegungsachsen.

Der Term ${}^{1}_{0}T_{soll} \cdot \ldots \cdot {}^{i}_{i-1}T_{soll} \cdot \delta T(E) \cdot {}^{i+1}_{i}T_{soll} \cdot \ldots \cdot {}^{n}_{n-1}T_{soll}$ in Gleichung (4.15) wird im Folgenden als Einflussfaktor κ bezeichnet und beschreibt die Ableitung der modellierten TCP-Verlagerung durch die zugehörige Abweichung E_j. Durch Multiplikation der Abweichungsgröße mit dem zugehörigen Einflussfaktor an einer Position wird der Fehler am TCP berechnet, der aus dieser Abweichung resultiert.

Abweichungsmodellierung mit B-Spline

Die Bewegungsabweichungen sind abhängig von der Position der jeweiligen Achse. Um die Abweichungen im gesamten Arbeitsraum einer Werkzeugmaschine vollständig beschreiben zu können, müssen die einzelnen geometrischen Abweichungen, als Funktion der Achspositionen, modelliert werden.

Bild 4.6 vergleicht verschiedene Interpolationsmethoden auf der Basis von Zufallspunkten (a). Die lineare Interpolation (b), die beispielweise von Ibaraki [IBAR11] zur Modellierung von Rotationsachsen verwendet wird, ist die einfachste und am häufigsten angewendete Methode zur Modellierung von Abweichungen. Sie ist einfacher, schneller und vor allem robuster als andere Interpolationsmethoden. Der Nachteil der linearen Interpolation sind jedoch, dass die Kurve an den Stützstellen nicht differenzierbar ist und somit kein natürliches Übergangsverhalten darstellt.

Mayer verwendet zur Modellierung der Bewegungsabweichungen von Linearachsen eine Polynominterpolation dritten Grades [ALAM14]. Bei der Polynominterpolation kann es jedoch zu unnatürlichen Überschwingern wie in Bild 4.6 (c) kommen. Bei der Spline-Interpolation hingegen werden die einzelnen Stützstellen stückweise interpoliert, so dass sich lokale Änderungen der Punkte nur lokal auf die jeweiligen Stützstellen auswirken. Bild 4.6 (d) zeigt den natürlicheren Funktionsverlauf der Spline-Interpolation im Vergleich zur Polynominterpolation. In dieser Arbeit wird die Basis-Spline-Interpolationsmethode, „B-Spline“, zur Identifikation der thermo-elastischen Abweichungen verwendet.

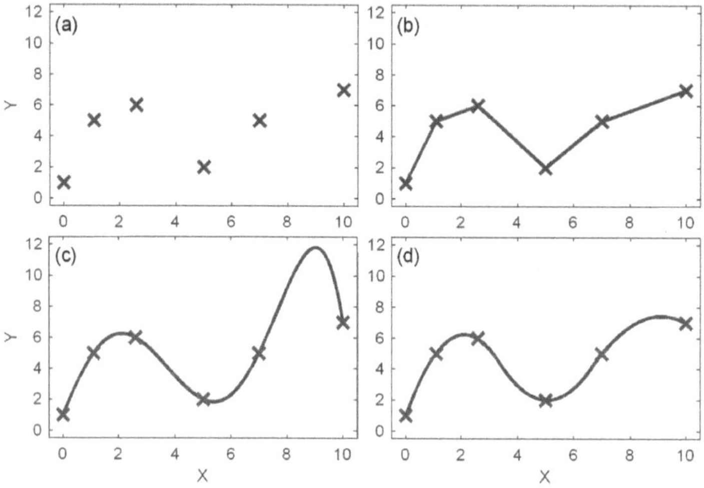

Bild 4.6: Vergleich der Interpolationsmethoden; (a): Punkte zur Modellierung, (b): Linearinterpolation, (c): Polynom-Interpolation, (d): B-Spline-Interpolation

Comparison of interpolation methods; (a): Points for modelling, (b): Linear interpolation, (c): Polynomial interpolation, (d): B-Spline interpolation

Basierend auf den identifizierten bzw. bekannten Stützstellen einer Abweichungsbewegung kann eine Funktion mittels B-Spline modelliert werden. Bei der Funktionsmodellierung wird die Abweichungsbewegung durch einen Knotenvektor, Kontrollpunkte und einen Spline-Grad parametrisiert [PIEG97]. Aus Gleichung (2.9) kann die Einzelabweichung E an der Achsposition a wie folgt modelliert werden:

$$E(a) = C(u,a) = \sum_{i=0}^{n} P_i \cdot N_{i,p}(u,a) \tag{4.16}$$

Für die Bewegungsabweichungen werden B-Splines zweiten Grades verwendet, um die thermo-elastische Abweichungen an der entsprechenden Position der Achse zu modellieren. Für die Lage- und Orientierungsabweichungen der Maschine wird eine B-Spline nullten Grades verwendet, da diese Abweichungen eine konstante Größe aufweisen.

Aufstellen des linearen Gleichungssystems

Ausgehend von der kinematischen Modellierung einer Werkzeugmaschine und der Funktionsmodellierung ihrer Bewegungsabweichungen mit B-Splines lassen sich die Abweichungen der Werkzeugmaschine mit Hilfe der in Kapitel 2.6.3 beschriebenen linearen Ausgleichsverfahren ermitteln.

Das lineare Ausgleichsproblem sei durch Gleichung (2.12) gegeben. Der Vektor b entspricht dabei dem Abstand zwischen dem Sensor und der Kugel in X-, Y- und Z-Richtungen (v_x, v_y, v_z) wie in Gleichung (4.5) an den Messpositionen (m_1, ..., m_n):

$$b = {}_{Referenz}L_{Sensor-Kugel} = \begin{bmatrix} v_x(m_1) \\ v_y(m_1) \\ v_z(m_1) \\ \vdots \\ \vdots \\ \vdots \\ v_x(m_n) \\ v_y(m_n) \\ z(m_n) \end{bmatrix} \tag{4.17}$$

Die Einträge der Systemmatrix M ergeben sich aus der Multiplikation des Einflussfaktors an der jeweiligen Messposition aus Gleichung (4.15) und der Basisfunktion der Spline-Modellierung aus Gleichung (4.16):

$$M = \begin{bmatrix} \kappa_{x,1}(x_1) \cdot N_{1,p}(x_1) & & \kappa_{x,n}(x_1) \cdot N_{n,p}(x_1) \\ \kappa_{y,1}(x_1) \cdot N_{1,p}(x_1) & \cdots & \kappa_{y,n}(x_1) \cdot N_{n,p}(x_1) \\ \kappa_{z,1}(x_1) \cdot N_{1,p}(x_1) & & \kappa_{z,n}(x_1) \cdot N_{n,p}(x_1) \\ \vdots & & \vdots \\ \vdots & \ddots & \vdots \\ \vdots & & \vdots \\ \kappa_{x,1}(x_m) \cdot N_{1,p}(x_m) & & \kappa_{x,n}(x_m) \cdot N_{n,p}(x_m) \\ \kappa_{y,1}(x_m) \cdot N_{1,p}(x_m) & \cdots & \kappa_{y,n}(x_m) \cdot N_{n,p}(x_m) \\ \kappa_{z,1}(x_m) \cdot N_{1,p}(x_m) & & \kappa_{z,n}(x_m) \cdot N_{n,p}(x_m) \end{bmatrix} \tag{4.18}$$

Der Lösungsvektor besteht aus den unbekannten Kontrollpunkten P aus Gleichung (4.16) der zu modellierenden Abweichungen, z.B. EXX und Z0A:

$$k = \begin{bmatrix} P_{EXX,1} \\ P_{EXX,2} \\ P_{EXX,3} \\ \vdots \\ P_{Z0A} \end{bmatrix} \tag{4.19}$$

Somit können die optimalen Kontrollpunkte mit der Singulärwertzerlegung nach Gleichung (2.18) berechnet werden.

4.1.4 Messung von thermo-elastischen Abweichungen

Measurement of thermo-elastic errors

Für die Messung der thermo-elastischen Abweichungen wird die Änderung der geometrischen Abweichungen über verschiedene thermo-elastische Zustände betrachtet. Die mit dem dynamischen R-Test erfassten Daten umfassen geometrische, thermo-elastische und dynamische Abweichungen. Wenn die Berechnung der Abweichungen bei jeder R-Test-Messung erfolgt, werden dadurch die nicht relevanten Einflüsse wie steifigkeitsbedingte Abweichungen bei der Berechnung der einzelnen thermo-elastischen Abweichungen mitberücksichtigt. Um dies zu vermeiden, wird für die Berechnung der thermo-elastischen Abweichungen, wie im Kapitel 4.1.2 beschrieben, nur die Differenz zwischen zwei R-Test-Messungen zu unterschiedlichen Zeitpunkten verwendet. Auf diese Weise heben sich die Abweichungen aufgrund der dynamischen Bewegung und der Nachgiebigkeit gegenseitig auf. Daraus ergibt sich folgende Gleichung zur Berechnung der thermo-elastischen Abweichungen aus Gleichung (2.11):

$$M \cdot k(t_n - t_0) = b(t_n) - b(t_0), \tag{4.20}$$

wobei $k(t_n - t_0)$ die thermo-elastische Abweichung zum Zeitpunkt t_n ausgehend vom Grundzustand zum Zeitpunkt t_0 ist und $b(t_n)$ bzw. $b(t_0)$ die Messdaten zu den Zeitpunkten sind. Die Systemmatrix M ändert sich hierbei nicht, da die Messungen mit den gleichen Messbewegungen zu unterschiedlichen Zeitpunkten wiederholt werden und sich somit die Maschinenpositionen zur Messung nicht ändern.

4.2 Modellierung des thermo-elastischen Verhaltens

Modelling of thermo-elastic behaviour

Basierend auf den gemessenen thermo-elastischen Abweichungen aus dem vorherigen Kapitel kann ein Vorhersagemodell erstellt werden. In diesem Kapitel werden die Eingangsgrößen sowie die Modellierungsmethode vorgestellt.

4.2.1 Eingangsgrößen für die Modellierung

Input variables for modelling

Zur Modellierung der thermo-elastischen Abweichungen werden Messdaten benötigt, die den Zustand der Werkzeugmaschine repräsentieren. Bei thermo-elastischen Verformungen ist die Temperaturverteilung in der Maschinenstruktur die Ursache der thermo-elastischen Abweichungen und über die Maschine verteilte Temperaturmessungen treten an die Stelle der zustandsrepräsentativen Messdaten [BREC17a, GROß15] (Bild 2.5). Zusätzlich können steuerungsinterne Daten wie Motorstrom und Achsgeschwindigkeit zur indirekten Modellierung der Reibung an den Führungen sowie der Motortemperatur verwendet werden [KLOC11, SCHT96].

Temperatur

Als Eingangsdaten können die Temperaturen der Maschinenstruktur verwendet werden. Dazu werden mehrere Temperatursensoren an verschiedenen Stellen der Maschine angebracht. In dieser Arbeit werden PT100-Sensoren verwendet, die einen Messwert pro Minute aufzeichnen. Deren Genauigkeit kann je nach der Kalibrierung variieren, liegt aber für die Klasse A nach [DIN09] bei $\pm(0{,}15 + 0{,}002|t|)\ °C$. Das Temperaturfeld der Werkzeugmaschine stellt die Ursache für das Verlagerungsfeld und somit für den Fehler am TCP dar. Es kann jedoch vorkommen, dass Sensoren erst verzögert die Leistungsänderung einer Wärmequelle abbilden, wenn sie nicht ausreichend nah an der Wärmequelle platziert sind. Um dieses Problem zu vermeiden, sollten die Sensoren so nah wie möglich an der Wärmequelle platziert werden.

Achsgeschwindigkeiten

Da die Gleitreibung einen großen Anteil an der Wärmeentwicklung hat, stellt die Achsgeschwindigkeit eine mögliche Näherung dieser Wärmequelle dar. Der Ansatz, die Achsgeschwindigkeiten als Eingangsdaten zu nutzen, wurde bereits von Gebhardt und Wennemer verwendet [GEBH14, WENN18]. Wenn die Achsgeschwindigkeiten nicht direkt aufgezeichnet werden, lassen sie sich aus den Achspositionen und ihren zugehörigen Zeitpunkten berechnen:

$$velo(t) = \frac{pos(t) - pos(t-1)}{t(t) - t(t-1)} \tag{4.21}$$

$velo(t)$ = Achsgeschwindigkeit, berechnet aus t-tem und t–1-tem Datenpunkt

$pos(t)$ = Achsposition des t-ten Datenpunkts

$t(t)$ = Zeitpunkt des t-ten Datenpunkts

Motorströme

Der Nachteil der Achsgeschwindigkeiten ist, dass sie weder Veränderungen der Achsreibungen noch alterungsbedingte Reibungsunterschiede berücksichtigen. Diese Effekte können dagegen indirekt durch den Antriebsstrom der Elektromotoren dargestellt werden. Der Motorstrom (I_M) ist in erster Näherung eine dem Drehmoment (M_M) proportionale Größe, die mit zunehmender Reibung ansteigt (s. Gleichung (4.22)). Im Motorstrom sind jedoch auch die Verlustleistungen des Motors sowie die Leistungen für das Beschleunigen und Abbremsen der Achse enthalten.

$$M_M = \Phi \cdot I_M \tag{4.22}$$

Φ = Drehmomentkonstante des Motors

4.2.2 Modellierung der thermo-elastischen Abweichungen

Modelling of thermo-elastic errors

In dieser Arbeit wird ein PT1-Modell mit mehreren Temperatursensoreingängen sowie mit den steuerungsinternen Daten verwendet, um das thermo-elastische Verhalten einzelner geometrischer Abweichungen nachzubilden, ähnlich wie in [GEBH14, WENN18]. Das Modell basiert auf dem Prinzip, dass jeder Eingang mit einer Proportionalkonstanten multipliziert und mit einem Verzögerungsglied 1. Ordnung verzögert wird. Zur Beschreibung des Modells werden zunächst die im Folgenden verwendeten Bezeichnungen eingeführt:

$G(t)$ = Geometrische Abweichung zu Zeitpunkt t

$v_i(t)$ = i-ter Eingangsdatenpunkt zu Zeitschritt t (z.B. i-ter gewählter Sensor)

$g_i(t)$ = Teil der geometrischen Abweichung aus den Eingangsdaten v_i

δt = Zeitlicher Abstand zwischen Zeitschritt t und t+1

K_i = Proportionaler Modellparameter bezüglich i-ten Eingangsdaten

τ_i = Zeitkonstante bezüglich der i-ten Eingangsdaten

N = Anzahl der gewählten Eingänge

Mit diesen Definitionen und dem zeitdiskreten PT1-Glied ergibt sich die eindimensionale Gleichung (4.23) z.B. eines einzelnen Temperatursensors.

$$g_i(t+1) + \tau_i \cdot \frac{g_i(t+1) - g_i(t)}{\delta t} = K_i \cdot v_i(t+1) \quad , \qquad i = 1, \dots, N \tag{4.23}$$

Werden mehrere Eingänge ($i = 1, \dots, N$) verwendet und die Gleichung nach der geometrischen Abweichung des nächsten Zeitpunktes umgestellt, ergibt sich die folgende iterative Gleichung (4.24).

$$G(t+1) = \sum_{i=1}^{N} g_i(t+1) = \sum_{i=1}^{N} \frac{1}{1 + \frac{\tau_i}{\delta t}} \cdot \left[K_i \cdot v_i(t+1) + \frac{\tau_i}{\delta t} \cdot g_i(t) \right] \tag{4.24}$$

Die Zeitkonstanten eines PT1-Modells müssen immer größer oder gleich Null sein. Andernfalls würden sie ein beschleunigendes anstelle eines verzögernden Verhaltens beschreiben. Ein solches Modell hätte eine Nullstelle in der rechten Laplace-Halbebene und ist grundsätzlich instabil.

4.3 Bestimmung der thermischen Modellparameter

Determination of the thermal parameters

Zur Bestimmung der unbekannten Parameter in Gleichung (4.24) wird die Levenberg-Marquardt-Methode (Kapitel 2.6.4) verwendet. Hierfür wird zunächst beschrieben, wie die Modellparameter mit der Levenberg-Marquardt-Methode berechnet werden können (Kapitel 4.3.1). Anschließend wird die Methode zur Auswahl der Temperaturdaten in Kapitel 4.3.2 und der steuerungsinternen Daten in Kapitel 4.3.3 beschrieben.

4.3.1 Berechnung mit Levenberg-Marquardt-Methode

Calculation with Levenberg-Marquardt method

Der Berechnungsprozess schätzt die Modellparameter jedes Kontrollpunktes (B-Spline) der geometrischen Abweichung unabhängig voneinander. Die folgenden Ausführungen beziehen sich daher auf das Beispiel eines einzelnen Kontrollpunktes.

Im ersten der iterativen Optimierungsschritte ($s = 0$) werden für alle Eingangsdaten-Zeitpunkte t die geschätzten Teilabweichungen $g_i^{(s)}$, die durch jeweils einen einzelnen Eingang v_i entstehen, entsprechend Gleichung (4.25) berechnet und dann zu einer geschätzten Gesamtabweichung $G^{(s)}$ für alle gemessenen Zeitpunkte in Form eines Vektors aufsummiert (Gleichung (4.26)). Hierbei entspricht $G^{(s)}$ der Modellfunktion $G(m^{(s)})$ und der Modellparameter $m^{(s)}$ den beiden unbekannten Parametern K_i und τ_i (s. Kapitel 2.6.4). Die Teilabweichungen im Referenzzustand (z.B. $g_i^{(s)}(0)$) werden automatisch auf Null gesetzt.

$$g_i^{(s)}(t+1) = g_i(m^{(s)}, t+1) = \frac{1}{1 + \frac{\tau_i^{(s)}}{\delta t(t)}} \cdot \left[K_i^{(s)} \cdot v_i(t+1) + \frac{\tau_i^{(s)}}{\delta t(t)} \cdot g_i^{(s)}(t) \right] \tag{4.25}$$

$$G^{(s)} = G\left(m^{(s)}\right) = \begin{pmatrix} G^{(s)}(t=0) \\ G^{(s)}(t=1) \\ \vdots \end{pmatrix} = \sum_{i=1}^{N} \begin{pmatrix} g_i^{(s)}(t=0) \\ g_i^{(s)}(t=1) \\ \vdots \end{pmatrix} \tag{4.26}$$

$G^{(s)}$ entspricht den geschätzten Ausgangsdaten. Die mit Gleichung (4.19) berechneten Kontrollpunkte k, äquivalent zu ε in Kapitel 2.6.4, repräsentieren die gemessenen Ausgangsdaten. Der Vektor des Residuums $F(m^{(s)})$ ergibt sich aus der Subtraktion der gemessenen Daten und den geschätzten Ausgangsdaten gemäß Gleichung (2.23).

Jacobi-Matrix

Für die Konstruktion der Jacobi-Matrix $J^{(s)}$, abgekürzt von $J\left(m^{(s)}\right)$ in Gleichung (2.24), sind die Ableitungen von $f_t^{(s)}$, abgekürzt von $f_t\left(m^{(s)}\right)$ in Gleichung (2.22), nach den Modellparametern in den Gleichungen (4.27) und (4.28) gegeben.

$$\frac{\partial f_{t+1}^{(s)}}{\partial K_i} = \frac{\partial G^{(s)}(t+1)}{\partial K_i} = \frac{\partial g_i^{(s)}(t+1)}{\partial K_i} \tag{4.27}$$

$$\frac{\partial f_{t+1}^{(s)}}{\partial \tau_i} = \frac{\partial G^{(s)}(t+1)}{\partial \tau_i} = \frac{\partial g_i^{(s)}(t+1)}{\partial \tau_i} \tag{4.28}$$

Da die Ableitung der Modellfunktion $G^{(s)}$ mit den Modellparametern K_i und τ_i nur für die jeweilige Teilabweichung $g_i^{(s)}$ relevant ist, verbleiben in den Gleichungen nur die Terme aus den Teilabweichungen. Aus diesen Ableitungen und Gleichung (2.24) ergibt sich die Jacobi-Matrix $J^{(s)}$ entsprechend Gleichung (4.29).

$$\begin{aligned} J^{(s)} &= \begin{pmatrix} \frac{\partial f_0^{(s)}}{\partial m_1} & \cdots & \frac{\partial f_0^{(s)}}{\partial m_p} \\ \frac{\partial f_1^{(s)}}{\partial m_1} & \cdots & \frac{\partial f_1^{(s)}}{\partial m_p} \\ \vdots & \vdots & \vdots \end{pmatrix} \\ &= \begin{pmatrix} \frac{\partial g_1^{(s)}(0)}{\partial K_1} & \cdots & \frac{\partial g_N^{(s)}(0)}{\partial K_N} & \frac{\partial g_1^{(s)}(0)}{\partial \tau_1} & \cdots & \frac{\partial g_N^{(s)}(0)}{\partial \tau_N} \\ \frac{\partial g_1^{(s)}(1)}{\partial K_1} & \cdots & \frac{\partial g_N^{(s)}(1)}{\partial K_N} & \frac{\partial g_1^{(s)}(1)}{\partial \tau_1} & \cdots & \frac{\partial g_N^{(s)}(1)}{\partial \tau_N} \\ \vdots & \vdots & \vdots & \vdots & \vdots & \vdots \end{pmatrix} \end{aligned} \tag{4.29}$$

Parameterupdate

Mit der Jacobi-Matrix $J^{(s)}$ und dem Residualvektor $F^{(s)}$, abgekürzt von $F(m^{(s)})$ in Gleichung (2.23), kann nun der theoretische Optimierungsschritt wie in Gleichung (2.27) und (2.25) berechnet werden:

$$\delta m^{(s)} = -\left(J^{(s)^T} \cdot J^{(s)} + \lambda \cdot 1\right)^{-1} \cdot J^{(s)^T} \cdot F^{(s)} \tag{4.30}$$

$$m^{(s+1)} = m^{(s)} + \delta m^{(s)} \tag{4.31}$$

Dieser Optimierungsschritt versucht die 2-Norm des Residualvektors zu minimieren. Da dies jedoch nicht immer zu einer abnehmenden 2-Norm führt, wird die Levenberg-Marquardt-Methode an dieser Stelle erweitert. Zuerst wird der Parameterschritt $\delta m^{(s)}$ mit unterschiedlichen Schrittweiten multipliziert und somit eine Vielzahl an potentiellen Parametervektoren generiert. Die einzelnen Schrittweiten sind:

$$1, \frac{1}{2}, \frac{1}{2^2}, \frac{1}{2^3}, \frac{1}{2^4}, \cdots, \frac{1}{2^{37}}, \frac{1}{2^{38}}, 0 .$$

Da die Zeitkonstanten jedoch nicht negativ werden dürfen, müssen alle negativen Zeitkonstanten sämtlicher potentiellen Parametervektoren $m^{(k+1)}$ zu Null gesetzt werden. Anschließend wird für jeden der potentiellen Parametervektoren die Norm berechnet. Schließlich wird der Parametervektor mit der kleinsten Norm ausgewählt. Dieser Ansatz gewährleistet, dass die durch die Levenberg-Marquardt-Methode vorgegebenen Richtung nur so weit gefolgt wird, wie dies zur Minimierung der Norm führt.

Abbruchkriterium

Das Vorgehen von der Berechnung der geschätzten Teilabweichungen bis zur Aktualisierung der Parameter wird so lange wiederholt, bis eines der Abbruchkriterien erfüllt ist. Das erste Abbruchkriterium tritt ein, wenn sich der Parametervektor nicht ändert (Schrittweite 0). Das zweite Abbruchkriterium tritt ein, wenn die Änderungen der Parameter über zehn Optimierungsschritte hinweg alle kleiner als 0,001% sind.

4.3.2 Zuordnung der Temperatursensoren

Assignment of the temperature sensors

Für die Modellierung der thermo-elastischen Abweichungen werden in dieser Arbeit unter anderem Temperatursensoren eingesetzt. Daher müssen zur Modellierung der einzelnen Abweichung die relevanten Temperatursensoren zugeordnet werden. Bei der Auswahl der Sensoren für eine geometrische Abweichung ergeben sich zwei Probleme. Zum einen enthält nur ein Teil der Sensoren für eine Abweichung relevante Informationen. So ist z.B. die Temperatur einer Strukturkomponente der A-Achse bei einer Werkzeugmaschine mit einem Dreh-Schwenktisch für die Positionierabweichung der Z-Achse EZZ nicht relevant. Zum anderen gibt es eine Vielzahl an möglichen Sensorkombinationen, welche zur Schätzung herangezogen werden können.

Sensor-Gruppierung

Zur Modellierung der thermo-elastischen Abweichungen werden lediglich die Temperatursensoren berücksichtigt, die mit den jeweiligen Abweichungen in einem statistischen Zusammenhang stehen. Um zu verhindern, dass aufgrund der Scheinkorrelationen irrelevante Sensoren ausgewählt werden und so ein Overfitting bewirken, werden die Sensoren zunächst nach der relevanten Wärmequelle bzw. Maschinenkomponente gruppiert. Die Bewegungsabweichungen werden generell von der zugehörigen Achse beeinflusst. Die Lage- und Orientierungsabweichungen können mehrere physikalische Abweichungen der Maschinenkomponenten beinhalten. Beispielsweise kann die Paralellitätsabweichung C0A der fünfachsigen Werkzeugmaschine mit einem

Drehschwenktisch, wie in Bild 2.1, von der einseitigen Verschiebung der Y-Achse oder auch der A-Achse verursacht werden. Genauso enthält die Lageabweichung Z0A die Nullpositionsverschiebungen aller Linearachsen sowie die Verschiebung der A-Achse in Z-Richtung. Daher wird vor der Modellierung eine physikalisch sinnvolle Zuordnung der Sensorgruppen zu den Abweichungen vorgenommen. Dabei werden die Ergebnisse der thermischen Untersuchungen im Kapitel 6.2 berücksichtigt. Im nächsten Schritt wird je zugeordnete Sensorgruppe ein Sensor ausgewählt, der zur Modellierung der jeweiligen Abweichung verwendet wird.

Brute-Force-Sensor-Auswahl

Nachdem jeder geometrischen Abweichung eine eingeschränkte Menge von Sensorgruppen zugewiesen wurde, muss nun ausgewählt werden, welche Sensoren als Eingangsdaten für das Vorhersagemodell verwendet werden sollen. Hierbei werden vom Programmbediener relevante Sensorgruppen vorgegeben und alle möglichen Sensorkombinationen entsprechend dieser Sensorgruppen gebildet. Dazu wird zunächst die bestmögliche lineare Approximation des PT1-Modells gebildet. Dies entspricht einem P-Modell (Gleichung (4.32)).

$$G(t+1) = \sum_{i=1}^{N} g_i(t+1) = \sum_{i=1}^{N} K_i \cdot v_i(t+1) \tag{4.32}$$

Dieses Modell wird in eine Matrixform gebracht (Gleichung (4.33)).

$$G = \begin{pmatrix} G(0) \\ G(1) \\ \vdots \end{pmatrix} = \sum_{i=1}^{N} \begin{pmatrix} g_i(0) \\ g_i(1) \\ \vdots \end{pmatrix} = \begin{pmatrix} v_1(0) & \cdots & v_N(0) \\ v_1(1) & \cdots & v_N(1) \\ \vdots & \vdots & \vdots \end{pmatrix} \cdot \begin{pmatrix} K_1 \\ \vdots \\ K_N \end{pmatrix} = v \cdot \vec{K} \tag{4.33}$$

Diese Gleichung wird mit Hilfe der Pseudomatrix für jede der Sensorkombinationen gelöst (Gleichung (4.34)), und die jeweiligen Proportionalkonstanten werden zur Validierung am gleichen Datensatz verwendet (Gleichung (4.35)).

$$K_S = (v^T \cdot v)^{-1} \cdot v^T \cdot G \tag{4.34}$$

$$G_S = v \cdot K_S \tag{4.35}$$

G_S und K_S entsprechen hierbei den Schätzwerten aus der Berechnung

Zum Schluss wird die geschätzte Abweichung von den gemessenen Daten subtrahiert und mit der 2-Norm ein Vergleichswert errechnet (Gleichung (4.36)).

$$\|G - G_S\|_2 = \sqrt[2]{\sum_t |G(t) - G_S(t)|^2} \tag{4.36}$$

Dieser Vergleichswert wird als Auswahlkriterium verwendet, da er die Nähe der Schätzung zur Messung quantifiziert und somit ein Indiz für die Güte der Sensor-Auswahl darstellt. Letztendlich wird die Sensorkombination mit dem kleinsten Vergleichswert verwendet.

4.3.3 Zuordnung der steuerungsinternen Daten

Assignment of the control data

Als Steuerungsdaten kann die Geschwindigkeit oder der Motorstrom der Bewegungsachse verwendet werden. Analog zur Gruppierung und Zuordnung der Temperatursensoren können den einzelnen Abweichungen der Motorstrom sowie die Geschwindigkeit der kinematisch zur jeweiligen Abweichung gehörenden Achsen zugeordnet werden.

Für die Bewegungsabweichungen werden somit primär die steuerungsinternen Daten der entsprechenden Achsen ausgewählt. Für die Rechtwinkligkeitsabweichungen der Linearachsen werden die beiden zugehörigen Achsen ausgewählt. Für die Modellierung der Lage- und Orientierungsabweichungen der Rotationsachsen werden gegebenenfalls auch Linearachsen berücksichtigt. Beispielsweise können für die Abweichung A0C die Y-Achse und die A-Achse und für die Abweichung B0A die X-Achse und die A-Achse zugeordnet werden. Bei der endgültigen Auswahl sind ebenfalls die Ergebnisse der thermischen Untersuchungen im Kapitel 6.2 zu berücksichtigen.

4.4 Fazit

Conclusion

Mit der kinematischen Modellierungsmethode, den Interpolationsmethoden für die Bewegungsabweichungen, der Berechnung der thermo-elastischen Abweichungen, der Modellierung dieser mit verschiedenen Eingängen sowie der Bestimmung der thermischen Parameter sind die Grundlagen der Messmethode des dynamischen R-Tests und der Modellierungsmethode der thermo-elastischen Abweichungen dargestellt.

Mit dem dynamischen R-Test wird der Stand der Technik um eine Messmethode erweitert, die mittels einer Software die Positionsdaten der Maschine aus der Steuerung sowie die Daten vom Sensor synchron erfasst und deren Zuordnung während der kontinuierlichen Messbewegung ermöglicht. Dies erlaubt die Erfassung einer großen Datenmenge in kurzer Zeit und damit eine Quasi-Momentaufnahme des thermo-elastischen Zustands. Die dynamischen Einflüsse während der kontinuierlichen Messbewegung werden weitestgehend eliminiert, indem nur die Differenz zwischen zwei Messungen zur Berechnung der reinen thermo-elastischen Abweichungen herangezogen wird. In Kombination mit der erforderlichen Messbewegung und der mathematischen Methode können die einzelnen Abweichungen voneinander getrennt werden. Dieses Messprinzip ist auf jede fünfachsige Werkzeugmaschine übertragbar, sofern ein datentechnischer Zugriff auf die Steuerung möglich und die Datenrate ausreichend hoch ist.

Die thermo-elastischen Abweichungen können mit den Daten aus der Steuerung, dem Motorstrom sowie der Geschwindigkeit der Achsen, und der Temperatur durch das Proportionalglied und das Verzögerungsglied erster Ordnung (PT1-Transferfunktion) modelliert werden. Die Temperatursensoren werden entsprechend der Strukturelemente gruppiert und mit der Brute-Force-Methode der jeweiligen Abweichung zugeordnet. Dabei werden nur die Sensorgruppen berücksichtigt, die für die jeweilige Abweichung physikalisch relevant sind. Die Motorströme sowie die Geschwindigkeiten werden entsprechend der strukturellen Anordnung der jeweiligen Abweichung zugeordnet. Hierbei werden ebenfalls die Ergebnisse der thermischen Untersuchungen berücksichtigt.

Die Entwicklung des Messprozesses durch die Anpassung sowie die Integration der Messmethode des dynamischen R-Tests an einer Werkzeugmaschine und die Untersuchung der Messunsicherheit erfolgen im nachfolgenden Kapitel 5.

5 Untersuchung der Messmethode

Investigation of the measurement method

In diesem Kapitel wird der Messprozess für eine Demonstratormaschine entwickelt und untersucht. Zunächst wird die Demonstratormaschine mit ihren thermo-elastischen Abweichungen in Kapitel 5.1 vorgestellt. Anschließend wird die Messbewegung des dynamischen R-Tests für die Demonstratormaschine optimiert und somit der Messprozess entwickelt (Kapitel 5.2). Zur Analyse der Messunsicherheit werden in Kapitel 5.3 das anzuwendende Verfahren der Monte Carlo Methode sowie die vorhandenen Unsicherheitsquellen des dynamischen R-Tests vorgestellt. In Kapitel 5.4 werden die entsprechenden Unsicherheitsquellen rechnerisch sowie experimentell quantifiziert. Darauf aufbauend wird die Messunsicherheit des dynamischen R-Tests simulativ mit der Monte Carlo Methode analysiert und anschließend experimentell an der Demonstratormaschine validiert. Zum Schluss wird ein Fazit zum Messprozess gezogen (Kapitel 5.5).

5.1 Demonstratormaschine

Demonstrator machine

Als Demonstratormaschine wird eine fünfachsige Werkzeugmaschine mit einem Drehschwenktisch, wie in Bild 2.1, verwendet. Die werkzeugseitige Struktur besteht aus drei seriell angeordneten Linearachsen, die in der Reihenfolge Y→X→Z angeordnet sind. Am Ende der Z-Struktur befindet sich eine Spindel, an der ein Werkzeug befestigt werden kann. Als Werkzeug werden z.B. der Trinity-Sensor oder unterschiedliche Fräsköpfe verwendet. Die werkstückseitige Struktur besteht aus zwei seriell angeordneten Rotationsachsen in der Reihenfolge A→C. Die C-Struktur entspricht hierbei einer Scheibe (Tisch), auf der das zu fräsende Werkstück oder im Falle der R-Test-Messung die Messkugel befestigt wird. Die Arbeitsbereiche der Bewegungsachsen sind in Tabelle 5.1 angegeben.

Tabelle 5.1: Arbeitsbereiche der Bewegungsachsen der Demonstratormaschine

Movement ranges of the axes of the demonstrator machine

Bewegungsachse	**Arbeitsbereich**
Linearachse Y	ca. 800 mm
Linearachse X	ca. 800 mm
Linearachse Z	ca. 600 mm
Rotationsachse A	280°
Rotationsachse C	360° unbegrenzt
Rotationsachse Spindel	360° unbegrenzt

Die möglichen thermo-elastischen Abweichungen der Demonstratormaschine sind in Tabelle 5.2 dargestellt. Zusätzlich zu den elf Lage- und Orientierungsabweichungen (Tabelle 2.1) werden bei der thermo-elastischen Untersuchung die Abweichungen des Tisches in die Richtung der Höhe (Z0T, T ist die Abkürzung des Tisches.) und des Radius (R0T) sowie die Null-Positionsabweichung der C-Achse (C0C) ergänzt. Die anderen Lage- und Orientierungsabweichungen der Linear- sowie Rotationsachsen können weiterhin vernachlässigt werden, da sie durch die bereits vorhandenen anderen Abweichungen beschrieben werden können. Pro Achse existieren sechs Bewegungsabweichungen. Daraus ergeben sich für die Demonstratormaschine 30 Bewegungsabweichungen und somit insgesamt 44 Abweichungen inklusive der Lage- und Orientierungsabweichungen.

Tabelle 5.2: Vorhandene minimale thermo-elastische Abweichungen an der Demonstratormaschine

Existing minimum thermo-elastic errors on the demonstrator machine

	Linearachsen	Rotationsachsen
Konstante Ab.	Lageabweichungen	
		Y0A, Z0A, X0C, Y0C, Z0T, R0T
	Orientierungsabweichungen	
	C0X, A0Z, B0Z	B0A, C0A, A0C, B0C, C0C,
Bewegungsabweichungen	Positionierabweichungen	
	EXX, EYY, EZZ	EAA, ECC
	Geradheitsabweichungen	Rundlauf- und Planlaufabweichungen
	EYX, EZX, EXY, EZY, EXZ, EYZ	EXA, EYA, EZA, EXC, EYC, EZC
	Rollen, Nicken, Gieren	Taumelabweichungen
	EAX, EBX, ECX, EAY, EBY, ECY, EAZ, EBZ, ECZ	EBA, ECA, EAC, EBC

Die Demonstratormaschine ist mit der Steuerung SINUMERIK 840D Powerline ausgestattet und ermöglicht mit der entwickelten Datenerfassungssoftware die Erfassung von Maschinenpositionsdaten mit ca. 60 Hz.

5.2 Entwicklung des Messprozesses

Development of the measurement process

Für die Messung der thermo-elastischen Abweichungen der Demonstratormaschine wird der Messprozess entwickelt. Die mathematische Separierbarkeit der einzelnen Abweichungen hängt stark von den Messpositionen sowie der Messstrategie ab.

Grundsätzlich führen mehr Messpunkte zur besseren Konditionierung der mathematischen Gleichung und somit zu einer geringeren Messunsicherheit. Allerdings ist dieser Zusammenhang in der Regel nicht linear, sondern quadratisch [SCHR93], d.h. für eine doppelte Verringerung der mathematischen Kondition und somit der Messunsicherheit muss eine vierfache Anzahl der Messpunkte aufgenommen werden. Beim R-Test können außerdem durch die Verwendung zusätzlicher Kugelpositionen mehr Abweichungen gemessen bzw. voneinander getrennt werden. Um die Gesamtmessdauer zu minimieren, wird ein Greifersystem mit dem Kugelstativ verwendet (Bild 5.1, rechts). Das System ermöglicht die automatisierte Kugelpositionierung auf dem Tisch sowie die Demontage und die Lagerung des Kugelstativs im Werkzeugmagazin während der Maschinennutzung. Dadurch kann der Prozess der Kugelpositionierung automatisiert und wiederholgenau ohne menschlichen Eingriff durchgeführt werden. Mit dem R-Test allein können die linearen Positionierabweichungen nicht vollständig gemessen werden, da diese nicht von den Lageabweichungen der Rotationsachsen getrennt werden können. Jedoch können die Positionierabweichungen eine wichtige Information über das thermo-elastischen Verhalten enthalten. Daher werden zusätzliche Messungen an einem Längennormal durchgeführt, um die mathematischen Gleichungen um die relative Längen-information zu ergänzen. Dieses Längennormal besteht aus dem Material Invar und weist zwei Messkugeln an den jeweiligen Enden des Normals auf (Bild 5.1, rechts unten). Das Längennormal wird in einer bestimmten Höhe (Absatz) in der Mitte des Tisches mit zwei Schrauben befestigt, um den Einfluss der thermo-elastischen Abweichung des Tisches auf das Längennormal zu minimieren. Bei der geometrischen Messung muss diese Länge zwischen den Kugeln sehr genau kalibriert werden, da die Genauigkeit dieser Kalibrierung direkt mit der Genauigkeit der Positionierabweichungen zusammenhängt. Bei der Messung von thermo-elastischen Abweichungen wird jedoch nur die Änderung der Messlänge an zwei unterschiedlichen Zeitpunkten berücksichtigt (s. Gleichung (2.11)). Eine genaue Kalibrierung der Länge ist daher nicht erforderlich. Der Sensor und der PC, der mit dem Sensor sowie der Steuerung verbunden wird, werden wie in Kapitel 4.1.2 beschrieben eingesetzt.

Für die Messung wird das Längennormal in zwei unterschiedlichen Orientierungen gemessen: Entlang der X-Achse und entlang der Y-Achse (Bild 5.1, links). Die Positionierung erfolgt hierbei durch die Bewegung der C-Achse. Der gesamte Messprozess wird somit wie folgt definiert:

1. Messung am Längennormal entlang der X-Achse (C=0°) und Y-Achse (C=90°)
2. Dynamischer R-Test
    2.1. Montage der Kugel an der gewünschten Position
    2.2. Messung an einer Kugelposition mit dem dynamischen R-Test während der kontinuierlichen Maschinebewegung
    2.3. Wiederholung der Schritte 2.1. und 2.2. an weiteren Kugelpositionen
3. Messung am Längennormal entlang der X-Achse (C=0°) und Y-Ache (C=90°)

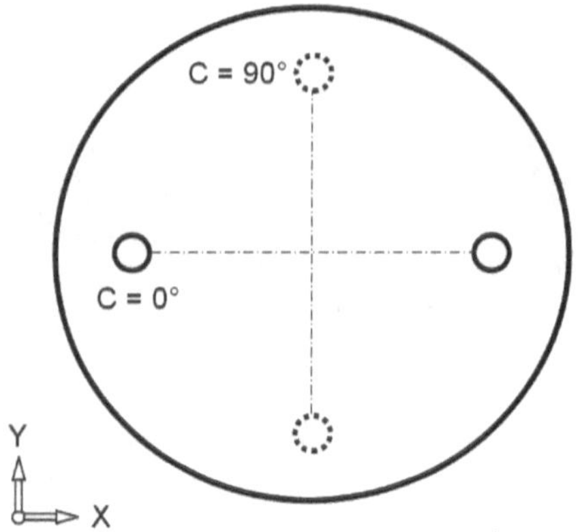

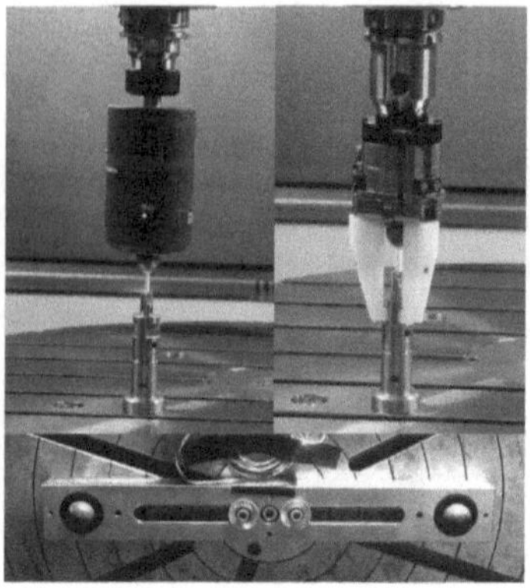

Bild 5.1: Messpositionen der Kugeln am Längennormal (links), Anwendung des Sensors, Greifers und des Längennormals beim Messprozess (rechts)

Measuring positions of the balls on the length standard (left), use of the sensor, gripper and length standard for the measurement process (right)

Die Messung am Längennormal wird vor und nach dem R-Test durchgeführt. Dadurch kann ebenfalls die Änderung des thermo-elastischen Zustands, die während der Messung verursacht wird, abgeschätzt werden. Diese Information wird für die Messunsicherheitsanalyse in Kapitel 5.3 verwendet.

Messstrategie des dynamischen R-Tests

Für die Messung der thermo-elastischen Abweichungen ist die Messdauer entscheidend. Werden mehr Messpunkte und Kugelpositionen für die Messung verwendet, kann die Messunsicherheit reduziert werden. Dabei erhöht sich jedoch die Messdauer. Die Anzahl der Kugelpositionen erhöht die Messdauer zusätzlich, da der Wechsel der Kugelposition an der Demonstratormaschine trotz der Automatisierung ca. 30 Sekunden erfordert. Zwischen der Längenmessung und dem dynamischen R-Test werden ebenfalls ca. eine Minute benötigt, um den Greifer mit dem Stativ aus dem Werkzeugmagazin zu entnehmen, die Kugel an der ersten Position abzusetzen und den Sensor wieder als Werkzeug aufzunehmen. Somit beträgt die reine Bewegungs- sowie Positionierungsdauer (ohne Messung) bei einer Kugelposition über eine Minute, bei zwei Kugelpositionen 1,5 Minuten und bei drei Kugelpositionen über 2,5 Minuten. Eine Kugelposition ist jedoch mathematisch nicht ausreichend (singulär), um die Bewegungsabweichungen der Linearachsen und Rotationsachsen zu berechnen. Zunächst wird daher eine vereinfachte rechnerische Analyse durchgeführt, um die erforderliche Anzahl der Kugelpositionen zu bestimmen. Hierbei wird die Standardabweichung der einzelnen Abweichungen berücksichtigt, die wie in Gleichung (2.20) berechnet wird. Für die Analyse werden vier verschiedene Kugelpositionen auf dem Maschinentisch mit unterschiedlichen Abständen zum Tischmittepunkt definiert, die eine weitestgehend gleichmäßige Verteilung der Messpositionen des R-Tests im Arbeitsraum der Maschine ermöglichen. Außerdem wird eine Stativhöhe und dadurch eine konstante Höhe der Kugelposition verwendet, um die Messung ohne den Wechsel des Stativs zu ermöglichen.

Die Analyse wird für die folgenden unterschiedlichen Modellstufen der Abweichungskombinationen durchgeführt, um die messbaren Abweichungen im Hinblick auf die Messunsicherheit zu analysieren:

- Stufe 10: Lageabweichungen der Rotationsachsen
- Stufe 9: St. 10 + Orientierungsabweichungen der Rotationsachsen
- Stufe 8: St. 9 + Orientierungsabweichungen der Linearachsen
- Stufe 7: St. 8 + Positionierabweichungen der Linearachsen
- Stufe 6: St. 7 + Geradheitsabweichungen der Linearachsen
- Stufe 5: St. 7 + Positionierabweichungen der Rotationsachsen
- Stufe 4: St. 6 + Positionierabweichungen der Rotationsachsen
- Stufe 3: St. 4 + Rollen, Nicken und Gieren der Linearachsen
- Stufe 2: St. 3 + Rundlauf- und Planlaufabweichungen der Rotationsachsen
- Stufe 1: S. 2 + Taumeln der Rotationsachse

Die Modellstufe 10 enthält nur die Lageabweichungen der Rotationsachsen und ist somit die kleinste Modellstufe. Die danach folgenden Modellstufen werden um weitere Abweichungen ergänzt, sodass die Modellstufe 1 die gesamten Abweichungen (Tabelle 5.2) enthält. Die Abweichungen R0T sowie C0C werden hierbei nicht berücksichtigt, da diese mit der Messmethode nicht eindeutig berechnet werden können.

Im Bild 5.2 sind die maximalen Standardabweichungen der Abweichungen jeweils der Linear- und Rotationsachsen für die unterschiedlichen Anzahlen von Kugelpositionen und die definierten Modellstufen dargestellt. Die Standardabweichung entspricht dabei der Streuung der zu berechnenden Abweichungen für eine Streuung der Sensordaten mit der Standardabweichung 1 µm. Zur Analyse werden die Graphen bis 10 µm sowie 10 µrad dargestellt, da die Abweichungen mit größeren Standardabweichungen praktisch nicht messbar sind. Zur Veranschaulichung wird die Reihenfolge der Modellstufen 5 und 7 vertauscht.

Bei einer Kugelposition ist zu erkennen, dass bereits bei der Modellstufe 6 die Standardabweichungen 10 µm und 10 µrad überschritten werden. Dies ist darauf zurückzuführen, dass die Geradheitsabweichungen sowie die anderen Bewegungsabweichungen bei einer einzigen Kugelposition mathematisch nicht berechnet werden können, da das Gleichungssystem durch die Berücksichtigung dieser Abweichungen singulär wird. Die Standardabweichungen für 2 – 4 Kugelpositionen nehmen mit den niedrigeren Modellstufen (größere Abweichungskombination) zu. Die rotatorischen Abweichungen der Rotationsachsen (Modellstufe 1) können auch bei vier Kugelpositionen nicht gemessen werden. Es ist auch zu erkennen, dass der Unterschied zwischen 2 – 4 Kugelpositionen minimal ist. D.h. mathematisch ergibt sich kein großer Mehrwert durch die zusätzliche Kugelposition. Jedoch steigt die Messdauer proportional an. Da die Messdauer für die Untersuchung des thermo-elastischen Verhaltens sehr wichtig ist, wird die Standardmessstrategie wie folgt definiert:

- Zwei Kugelpositionen werden für den dynamischen R-Test verwendet (Bild 5.3 links). Die erste Kugel wird ca. 260 mm und die zweite Kugel ca. 140 mm zum Tischmittepunkt positioniert.
- Der Messablauf ist für die beiden Kugeln ähnlich. Die Schwenkachse (A) bewegt die Messkugeln jeweils in 10° und 20° Schritten (Bild 5.3 rechts); 1. Kugel [-30°, -20°, ..., 30°], 2. Kugel [-70°, -50°, ..., 70°]. In jeder Stellung der Schwenkachse führt die Rotationsachse (C) eine dynamische Umdrehung aus.

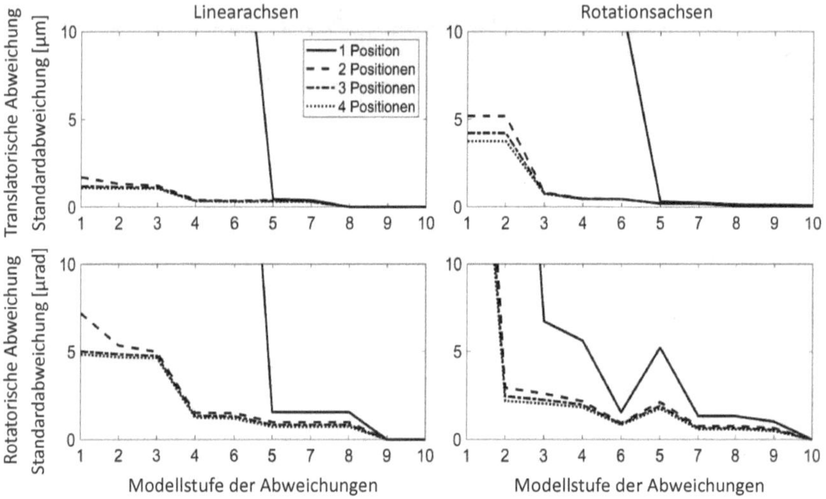

Bild 5.2: Maximale Standardabweichungen der translatorischen Abweichungen der Linearachsen (links oben), der Rotationsachsen (rechts oben) und der rotatorischen Abweichungen der Linearachsen (links unten) sowie der Rotationsachsen (rechts unten) für unterschiedliche Anzahlen der Kugelpositionen

Maximum standard deviations of the translational errors of the linear axes (top left), the rotary axes (top right) and the angular errors of the linear axes (bottom left) as well as the rotary axes (bottom right) for different numbers of ball positions.

Hierbei werden größere Verfahrwege der Linearachsen bei der ersten Kugelposition verwendet. Dies zeigt sich deutlich anhand der Positionen der X- und Y-Achse (s. Bild 5.3). Die A-Achse kann dagegen nur von -30° bis 30° verwendet werden, da die Bewegung der Z-Achse durch den Endschalter begrenzt ist. Die zweite Kugelposition ermöglicht die Bewegung des größeren Schwenkbereichs. Die C-Achse bewegt sich bei allen von -10° bis 370° (10°), sodass das dynamische Verhalten des Brems- sowie Beschleunigungsvorgangs bei den relevanten Messbewegungen (0°- 360°) möglichst nicht vorhanden ist. Für eine kurze Messdauer sollte der Vorschub möglichst hoch sein. Dies erhöht jedoch die Unsicherheit aufgrund des dynamischen Verhaltens und der Datenerfassungsmethode (Synchronität der Daten). Um ein optimales Verhalten zwischen der Genauigkeit und der Messdauer zu erörtern, wird eine weitere Voruntersuchung durchgeführt. Hierfür wird der dynamische R-Test mit vier unterschiedlichen Vorschüben der C-Achse (25 °/s, 50 °/s, 100 °/s, 150 °/s) durchgeführt. Die A-Achse steht bei 30° und die C-Achse dreht sich von 0° bis 360°. Diese Messung wird fünfmal wiederholt, um die Wiederholgenauigkeit der Messung zu berechnen.

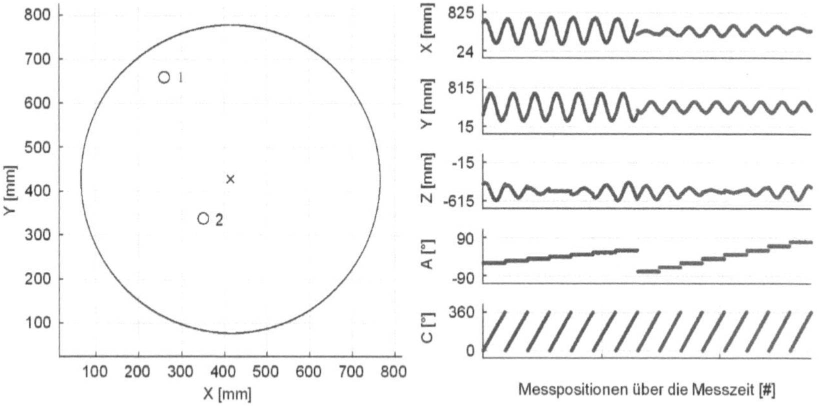

Bild 5.3: Verwendete Kugelpositionen für den dynamischen R-Test (Links) und die Verfahrwege der Achsen während des dynamischen R-Tests (Rechts)

Ball positions used for the dynamic R-Test (left) and the movement paths of the axes during the dynamic R-Test (right)

In Bild 5.4 ist das Ergebnis dargestellt. Die Graphen in der ersten Zeile zeigen den Mittelwert der Sensorwerte der fünf Wiederholungen bei dem Vorschub von 50 °/s. Je nach Vorschub ergeben sich aufgrund der geschwindigkeitsabhängigen Eigenschaften, z.B. der Zentrifugalkraft, andere Messwerte. Dieser Einfluss wird in der Untersuchung jedoch nicht berücksichtigt, da er sich bei der Differenzbildung zweier Messungen aufhebt und somit für die Messung der thermo-elastischen Abweichungen primär nur die Wiederholgenauigkeit relevant ist. Die Messwerte des Sensors bleiben während der gesamten Untersuchungen innerhalb ±250 µm.

Bei den weiteren Zeilen sind die Ergebnisse der Wiederholgenauigkeit dargestellt. Für jede Messposition wird hierbei der Mittelwert der fünf Wiederholungen gebildet und die Differenz dieser Wiederholungen zu dem Mittelwert dargestellt.

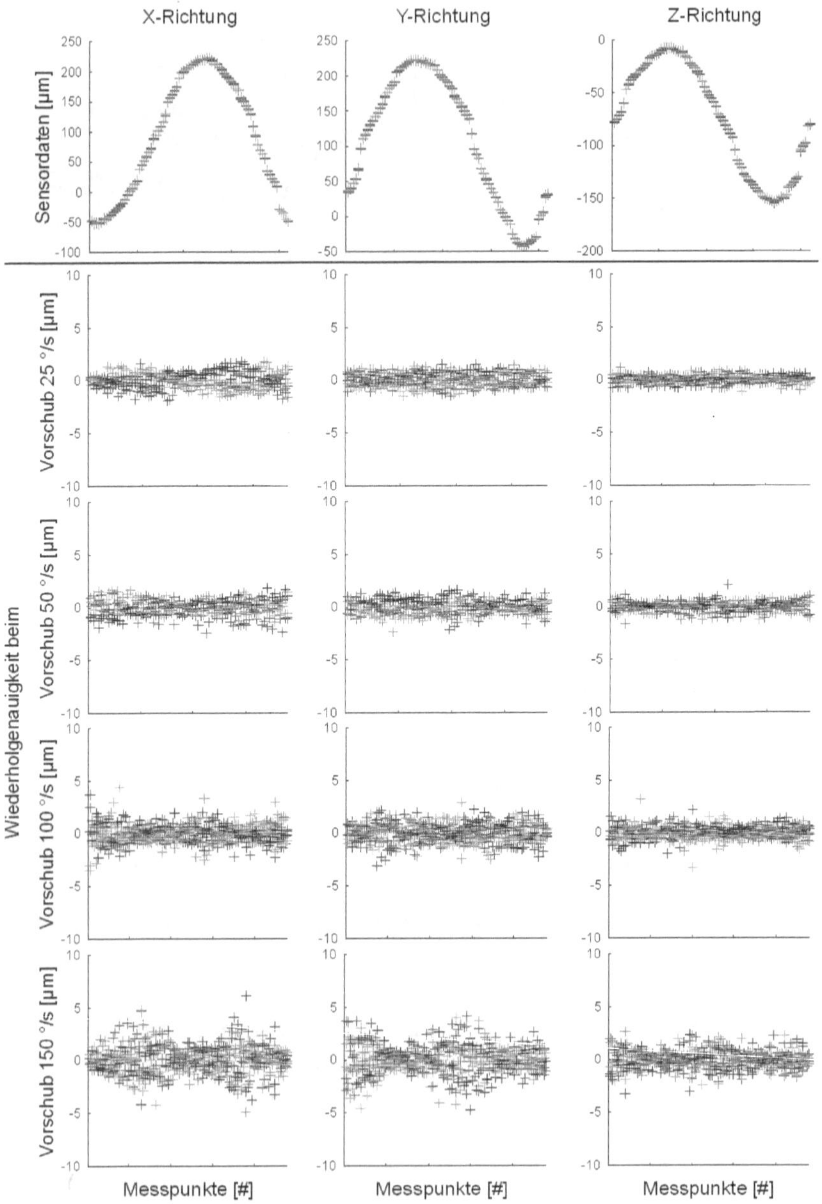

Bild 5.4: Messung einer Umdrehung der C-Achse mit dem dynamischen R-Test bei unterschiedlichen Vorschüben

Measurement of a C-axis rotation with the dynamic R-Test with different feed rates

Es ist deutlich zu erkennen, dass mit zunehmendem Vorschub auch die Streuung in alle Richtungen zunimmt. Beim Vorschub 150 °/s sind die Messwerte in zwei Bereichen stärker gestreut. Diese Bereiche liegen in Y- und X-Richtung um etwa 90° versetzt zueinander. Dieses Verhalten kann dadurch erklärt werden, dass die Achsen beim Richtungswechsel aufgrund der hohen dynamischen Kräfte (Zentrifugalkraft) und der damit verbundenen Instabilität ungenauer werden. Auch die Anzahl der Ausreißer erhöht sich mit zunehmendem Vorschub. Dieses Verhalten lässt sich durch das dynamische Maschinenverhalten und die ungenaue Synchronisation der Daten erklären. Da die Datenrate durch die Kommunikation mit dem Sensor sowie der Steuerung begrenzt ist, liegen die Daten bei langsamerem Vorschub dichter zueinander. Dies erhöht die Genauigkeit der Synchronisation. Bei höheren Vorschüben ist daher auch der Einfluss der Datenlücke durch den Kommunikationsfehler größer (s. Kapitel 4.1.2). In Z-Richtung ist die Streuung geringer, da die Z-Achse bei der verwendeten Position der A-Achse die geringste Geschwindigkeit aufweist.

Die Standardabweichungen der fünf Wiederholungen sind in Tabelle 5.3 dargestellt. Bei Vorschüben unter 50 °/s liegen die Streuungen meistens unter ± 2 µm (± 1 µm in Z-Richtung), wobei die Standardabweichungen in alle Richtungen unter 1 µm liegen. Bei höheren Vorschüben sind die Standardabweichungen deutlich größer. Die Werte zwischen den unteren beiden Vorschüben unterscheiden sich nicht so stark, da die Genauigkeit gegen den Grenzwert konvergiert, der sich aus der Genauigkeit des Sensors und der Wiederholgenauigkeit der Achsen ergibt.

Tabelle 5.3: Wiederholgenauigkeit der Messung in X-, Y- und Z-Richtungen (k=2)

Repeatability of the measurement in X, Y and Z directions (k=2)

Vorschub		25 °/s	50 °/s	100 °/s	150 °/s
Standard-abweichung [µm]	X	0.83	0.93	1,41	2,22
	Y	0.58	0,80	1,45	2,23
	Z	0,45	0,55	0,97	1,38

Um eine hohe Messgenauigkeit zu gewährleisten und gleichzeitig eine kurze Messdauer zu ermöglichen, wird 50 °/s als Standardvorschub für den Messprozess festgelegt. Der gesamte Messprozess mit der Längenmessung sowie dem dynamischen R-Test beträgt somit ca. 5 Minuten. Die Messunsicherheit dieser Methode wird im folgenden Kapitel näher analysiert.

5.3 Monte Carlo Methode

Monte Carlo method

Zur detaillierten Analyse der Messunsicherheit wird die Monte Carlo Methode verwendet. Diese Methode wurde bereits in unterschiedlichen Forschungsarbeiten zur Messunsicherheitsanalyse indirekter Kalibriermethoden validiert (s. Kapitel 2.3.2).

5.3.1 Quelle der Messunsicherheit

Source of measurement uncertainty

Für die Monte Carlo Methode werden zunächst die potentiellen Unsicherheitsquellen der Messmethode aufgelistet (Bild 5.5) und quantifiziert. Im Folgenden werden die für die Messmethode relevanten Unsicherheitsquellen erläutert und zusammengefasst.

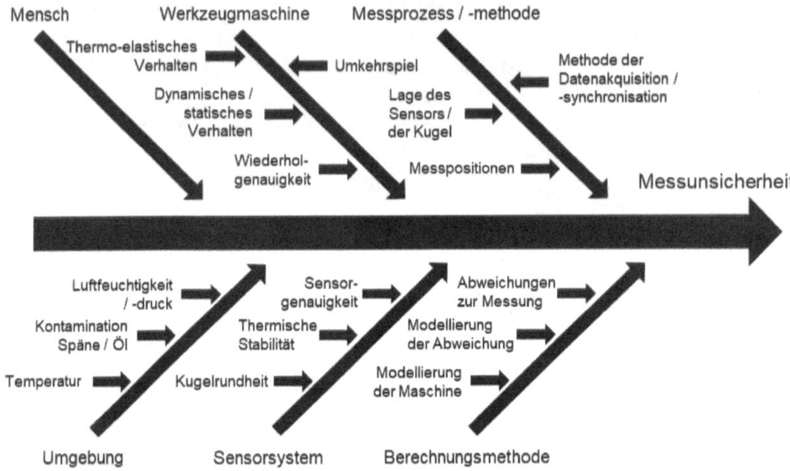

Bild 5.5: Auflistung der Unsicherheitsquellen des entwickelten Messprozesses

Uncertainty sources of the developed measurement process

Mensch

Der Messprozess wird durch das Greifersystem sowie das magnetische Kugelstativ automatisiert. Daher wird der Messprozess einmalig beim Einrichten sowie bei der Initialisierung durch den Bediener (Mensch) installiert. Anschließend erfolgt der Messprozess bei jedem Einsatz identisch ohne menschlichen Einfluss. Daher kann dieser Faktor vernachlässigt werden.

Umgebung

Der Einfluss der Luftfeuchtigkeit sowie des Luftdrucks ist für das verwendete Sensorsystem gering und daher vernachlässigbar. Verunreinigungen wie Späne und Öl bzw. Ölnebel werden ggf. vor der Messung entfernt. Temperaturänderungen haben einen Einfluss auf das Sensorsystem und werden bei der Auswertung berücksichtigt.

Werkzeugmaschine

Die Maschine besitzt eine Grundgenauigkeit, die in verschiedene Aspekte unterteilt werden kann. Das Umkehrspiel ist die von der Bewegungsrichtung der Achse abhängige Abweichung. Da der Messvorgang immer gleich abläuft und nur die Differenz zweier Messvorgänge betrachtet wird, kann dieser Punkt vernachlässigt werden. Auch wenn der Messvorgang eine kurze Messdauer hat, kann sich die Maschine in dieser

Zeit thermo-elastisch verformen. Die Änderungen der thermo-elastischen Abweichungen während der Messung haben eine Auswirkung auf die mathematische Berechnung und führen letztendlich zu einer weiteren Messunsicherheit. Daher muss dieser Einfluss in der Unsicherheitsanalyse berücksichtigt werden. Das dynamische und statische Verhalten der Maschine wird ebenfalls minimiert, indem nur die Differenz zwischen zwei identischen Messvorgängen berücksichtigt wird. Der verbleibende Einfluss z.B. Vibrationen muss jedoch zusammen mit der Wiederholgenauigkeit der Achsen/Maschine als Unsicherheitsquelle berücksichtigt werden. Außerdem muss die Wiederholgenauigkeit des Werkzeugwechsels berücksichtigt werden, da der Werkzeugwechsel zum Sensor und Stativ während des Messprozesses mehrmals erfolgt.

Während der Voruntersuchungen stellte sich heraus, dass die verwendete Demonstratormaschine einen Spindelschaden aufwies, der zu einer starken Erwärmung während des Spindelbetriebs bzw. der Regelung der Spindelposition führte. (s. den Abschnitt „Wiederholgenauigkeit des Werkzeugwechsels"). Daher wird die Spindelposition nur während des Greiferbetriebs geregelt und nicht während der kontinuierlichen Bewegung der Maschine beim dynamischen R-Test. Aus diesem Grund wird auch die Positionsabweichung der Spindel während des dynamischen R-Tests als eine Unsicherheitsquelle berücksichtigt.

Sensorsystem

Das Sensorsystem sowie die Messkugel besitzen ebenfalls eine Grundgenauigkeit z.B. die Messunsicherheit des Sensors sowie die Rundheit der Messkugel, die vom Hersteller kalibriert wird. Die Rundheit der Messkugel kann hierbei vernachlässigt werden, da die Kugel an der Messposition immer identisch positioniert wird und der Einfluss durch die Differenzbildung zweier Messprozesse aufgehoben wird. Zusammen mit der thermischen Stabilität des Sensors (s.o. Umgebung) wird die Genauigkeit des Sensorsystems als Unsicherheitsquelle berücksichtigt.

Messprozess/-methode

Die Lage des Sensors sowie der Kugel und damit verbundenen Messvolumens haben einen wesentlichen Einfluss auf den Messbereich der Bewegungsachsen. Der definierte Messprozess ermöglicht einen großen Messbereich. Der Einfluss der Messpositionen auf die Messunsicherheit wird in der Messunsicherheitsanalyse berücksichtigt. Die Methode der Datenerfassung sowie -synchronisation weist ebenfalls Unsicherheiten aufgrund der möglichen Kommunikationsfehler und der Zeitversätze zwischen den unterschiedlichen Quellen auf und soll für die Analyse berücksichtigt werden.

Berechnungsmethode

Die Berechnungsmethode umfasst die Modellierung der Abweichungen und der Werkzeugmaschine sowie die mathematische Separation der einzelnen Abweichungen. Der Ansatz der kinematischen Modellierung mit der homogenen Transformationsmatrix sowie die B-Spline-Interpolationsmethode sind gängige Verfahren, die über einen langen Zeitraum untersucht und validiert wurden [FLOR16, BREC17b, BEHR23]. Die Abhängigkeit der Abweichungen voneinander („Interdependency" in [BRIN07]) ist jedoch ein wichtiger Aspekt: Das bedeutet, dass Abweichungen, die zwar vorhanden sind, aber nicht gemessen werden, einen Einfluss auf die anderen gemessenen Abweichungen haben. Dieser Einfluss wird bei der Analyse berücksichtigt.

5.3.2 Methode zur Messunsicherheitsanalyse

Method for measurement uncertainty analysis

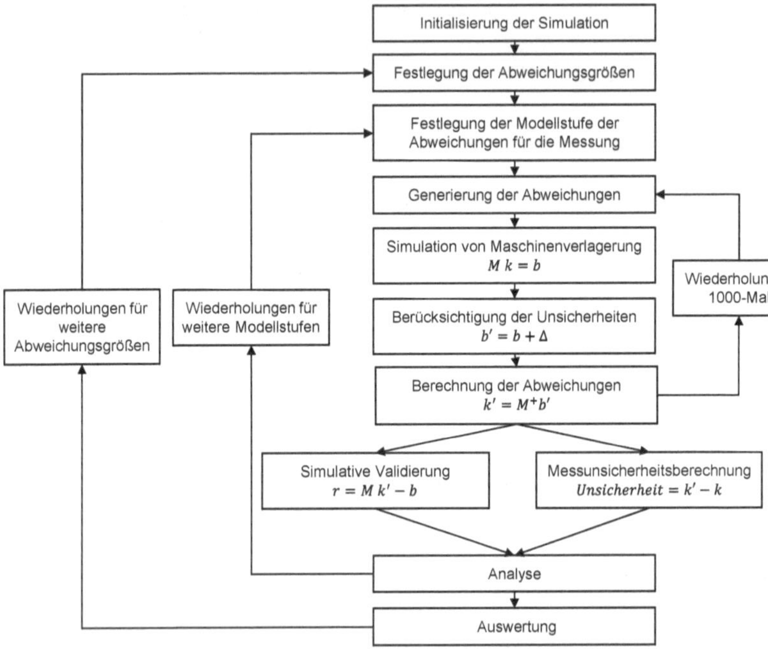

Bild 5.6: Monte Carlo Methode zur Messunsicherheitsanalyse des Messprozesses

Monte Carlo method for measurement uncertainty analysis of the measurement process

Die Analyse der Messunsicherheit erfolgt mit der Monte Carlo Methode, vgl. Bild 5.6. Zunächst wird die Simulation initialisiert, indem die Maschinenkinematik, die vorhandenen Abweichungen und deren Form sowie der Messprozess festgelegt und mathematisch modelliert werden. Anschließend werden die Größen der einzelnen Abweichungen für die Simulation festgelegt. Für die Analyse werden verschiedene Modellstufen der Abweichungen verwendet, die bereits im vorherigen Kapitel definiert wurden. Anschließend werden die Abweichungen entsprechend der zuvor definierten Größen mit einer geeigneten Zufallsfunktion simuliert. Die 3D-Verlagerungen am TCP für den gesamten Messprozess werden zunächst für die ideale Maschine mit den definierten Abweichungen simuliert und dann um die Einflüsse der einzelnen Unsicherheiten ergänzt. Anschließend werden die Abweichungen für die definierte Modellstufe berechnet. Der Prozess von der Generierung bis zur Berechnung der Abweichungen wird 1000 Mal wiederholt, um eine ausreichend statistische Aussagekraft zu gewährleisten.

Aus den Ergebnissen werden die Messunsicherheiten der einzelnen Abweichungen berechnet und mit geeigneten Methoden validiert. Die Validierungsmethoden sollen dabei die Verlagerungen am TCP mit den simulierten Abweichungen und den berechneten Abweichungen aussagekräftig vergleichen und den Einfluss der o.g. Abhängigkeit („Interdependency“) der Abweichungen berücksichtigen. Dieser gesamte Prozess wird für die definierten Modellstufen der Abweichungen wiederholt. Ebenso wird die gesamte Analyse für unterschiedliche Abweichungsgrößen wiederholt, um die Aussagekraft der Ergebnisse für verschiedene Fälle zu erweitern.

5.4 Analyse der Messunsicherheit für thermo-elastische Abweichungen

Analysis of the measurement uncertainty of thermo-elastic errors

In diesem Kapitel wird die Messunsicherheitsanalyse des entwickelten Messprozesses simulativ (Monte Carlo Methode) und experimentell für verschiedene Variationen der Modellparameter wie in Bild 5.6 durchgeführt. Dazu werden zunächst die relevanten Modellparameter festgelegt (Kapitel 5.4.1). Anschließend werden die Unsicherheitsquellen aus dem vorherigen Kapitel quantifiziert (Kapitel 5.4.2). Danach werden die simulativen Validierungsmethoden definiert (Kapitel 5.4.3) und die Analyse mit der definierten Monte Carlo Methode (s. Bild 5.6) durchgeführt (Kapitel 5.4.4). Abschließend werden die Ergebnisse durch ein Experiment an der Demonstratormaschine validiert (Kapitel 5.4.5).

5.4.1 Variation der Modellparameter für die Messmethode

Variation of the model parameters for the measurement method

Für die Simulation der Messmethode und die Berechnung der Abweichungen sind verschiedene Konfigurationen festzulegen. Es werden alle Abweichungen in Tabelle 5.2 simuliert. Die Konfiguration zur Modellierung dieser Abweichungen ist in Tabelle 5.4 dargestellt.

Hierbei beschreiben die dritte und vierte Spalte (Grad und Intervalle) die Spezifikation der B-Spline-Modellparameter. Der Grad steht für den Grad des Splines und die Intervalle für die Anzahl der Intervalle zwischen den Knotenpunkten (abzüglich der am Anfang sowie am Ende wiederholten Knotenpunkten). Die letzten drei Spalten dienen der Definition der Randbedingungen. Dabei wird unterschieden, ob die Abweichung am Anfang, am Ende oder in der Mitte auf Null gesetzt wird. Die konstanten Lage- und Orientierungsabweichungen werden mit dem nullten Spline-Grad und einem Intervall konfiguriert. Die Bewegungsabweichungen der Linear- und Rotationsachsen werden mit dem zweiten Splinegrad und zwei bis vier Intervallen modelliert. Mit vier Intervallen werden Funktionen modelliert, die bis zu drei Wendepunkte aufweisen. Dadurch können die gewöhnliche Form der thermo-elastischen Abweichungen abgebildet werden [WENN18]. Die Geradheitsabweichungen der Linearachsen werden gemäß ISO 230-1 [ISO12] am Anfang und am Ende auf Null gesetzt. Die Positionierabweichungen und rotatorischen Bewegungsabweichungen der Linearachsen werden in der Mitte des

Achsverfahrwegs auf Null gesetzt. Falls dieser Nullpunkt anders gesetzt wird, werden dadurch die Lageabweichungen anders berechnet. Dies führt jedoch zu keiner Änderung der TCP-Verlagerungen. Die Bewegungsabweichungen der A-Achse werden in der Mitte und die Bewegungsabweichungen der C-Achse am Anfang und am Ende auf Null gesetzt.

Tabelle 5.4: Konfiguration der Abweichungen für die Modellierung

Configuration of the errors for modelling

	Abweichungen	Grad	Intervalle	Start = 0	Ende = 0	Mitte = 0
Lage- und Orientierungsabweichungen	Y0A, Z0A	0	1	Nein	Nein	Nein
	B0A, C0A	0	1	Nein	Nein	Nein
	X0C, Y0C	0	1	Nein	Nein	Nein
	A0C, B0C	0	1	Nein	Nein	Nein
	Z0T	0	1	Nein	Nein	Nein
	C0X	0	1	Nein	Nein	Nein
	A0Z, B0Z	0	1	Nein	Nein	Nein
Bewegungsabweichungen der Linearachsen	EXX	2	2, 4	Nein	Nein	Ja
	EYX, EZX	2	2, 4	Ja	Ja	Nein
	EYY	2	2, 4	Nein	Nein	Ja
	EXY, EZY	2	2, 4	Ja	Ja	Nein
	EZZ	2	2, 4	Nein	Nein	Ja
	EXZ, EYZ	2	2, 4	Ja	Ja	Nein
	EAX, EBX,	2	2, 4	Nein	Nein	Ja
	EAY, EBX	2	2, 4	Nein	Nein	Ja
	EAY, EBY, ECY	2	2, 4	Nein	Nein	Ja
Bewegungsabweichungen der Rotationsachsen	EXA, EYA, EZA	2	2, 4	Nein	Nein	Ja
	EXC, EY, EZC	2	4	Ja	Ja	Nein
	EAA	2	2, 4	Nein	Nein	Ja
	EBA, ECA	2	2, 4	Nein	Nein	Ja
	ECC	2	4	Ja	Ja	Nein
	EAC, EBC	2	4	Ja	Ja	Nein

Die in Kapitel 5.2 definierten Modellstufen der Abweichungen werden ebenfalls bei dieser Analyse berücksichtigt. Die Abweichungen werden in jedem Durchlauf der Monte Carlo Methode mit einer Zufallsfunktion (Normalverteilung) neu generiert. Dafür werden die Größen der Abweichungen (angegeben als doppelte Standardabweichung) für die jeweilige Abweichungsart festgelegt (s. Tabelle 5.5). Für eine umfassende Analyse werden zwei Abweichungsgruppen definiert; Abweichungsgruppe A für kleine Abweichungen und Abweichungsgruppe B für große Abweichungen.

Tabelle 5.5: Maximale Größe der Abweichungen für die Simulation

Maximum size of the errors for the simulation

Abweichungsgruppe	A		B	
Achsen	Linear	Rotation	Linear	Rotation
Lage-abweichung		25 µm		50 µm
Orientierungs-abweichung	15 µrad	15 µrad	30 µrad	30 µrad
Positionier-abweichung	15 µm	15 µrad	30 µm	30 µrad
Geradheits-, Planlauf-, Rundlaufabweichung	2,5 µm	2,5 µm	10 µm	5 µm
Rollen, Nicken, Gieren, Taumeln	10 µrad	10 µrad	15 µrad	15 µrad

5.4.2 Quantifizierung der Messunsicherheit

Quantification of measurement uncertainty

Für die Quantifizierung der Messunsicherheit werden zunächst die relevanten Unsicherheitsquellen aus Kapitel 5.3.1 gruppiert:

- Methodisch bedingte Unsicherheiten
  - Messunsicherheit des Sensors
  - Wiederholgenauigkeit des Werkzeugwechsels
  - Wiederholgenauigkeit der Messwertaufnahme: Dynamisches Verhalten sowie Wiederholgenauigkeit der Maschine und Stabilität der Datenerfassung
  - Positionsabweichung der Spindel während der Messung
- Thermisch bedingte Unsicherheiten
  - Thermische Stabilität des Sensorsystems
  - Thermische Stabilität des Messaufbaus
  - Thermo-elastisches Verhalten der Maschine

Die methodisch bedingten Unsicherheiten umfassen hierbei die Unsicherheitsquellen, die durch das Messsystem, die geometrischen und dynamischen Bedingungen des Messprozesses sowie der Maschine verursacht werden. Sie stellen somit die Grundgenauigkeit des Messprozesses für die verwendete Maschine dar.

Die thermisch bedingten Unsicherheiten stellen dagegen die Unsicherheitsquellen dar, die durch die thermische Zustandsänderung der Maschine und des Messsystems verursacht werden. Sie kann daher in Abhängigkeit von der thermischen Belastung unterschiedlich hoch sein.

Im Folgenden werden zunächst die aufgeführten Unsicherheitsquellen quantifiziert.

Messunsicherheit des Sensorsystems

Die Grundgenauigkeit des Sensorsystems ergibt sich aus der Unsicherheit der eingesetzten Elektronik, der Wirbelstromsensoren sowie deren Kalibrierung. Das Sensorsystem wird beim Kauf sowie alle zwei Jahre vom Hersteller ggf. justiert und kalibriert. Nach der jeweiligen Kalibrierung wird ein Kalibrierschein zur Verfügung gestellt, in dem die Messunsicherheit des Sensors für zwei unterschiedlichen Arbeitsvolumen (1 mm und 3,5 mm als Durchmesser des sphärischen Arbeitsvolumens) angegeben wird. Die letzte Kalibrierung des Sensors weist die folgende Messunsicherheit (doppelte Standardabweichung) auf:

Tabelle 5.6: Messunsicherheit des Sensorsystems (k=2)

Measurement uncertainty of the sensor system (k=2)

Arbeitsvolumen	X-Richtung	Y-Richtung	Z-Richtung
1 mm	0,5 µm	0,5 µm	0,7 µm
3,5 mm	0,8 µm	0,8 µm	0,8 µm

Es wird davon ausgegangen, dass die Verlagerung am TCP aufgrund der thermoelastischen Abweichungen 1 mm nicht überschreitet. Daher wird für die weitere Analyse die Messunsicherheit des Sensors für das Arbeitsvolumen von 1 mm verwendet.

Wiederholgenauigkeit des Werkzeugwechsels

Die HSK-Schnittstelle besitzt eine Wiederholgenauigkeit, die z.B. bereits in [WAGN17] untersucht wurde. Um die Wiederholgenauigkeit des Werkzeugwechsels zum Sensor zu analysieren, wird eine Untersuchung durchgeführt. Bei dieser wird eine Kugel auf dem Maschinentisch montiert. Die Kugel wird wiederholt mit dem Sensorsystem angetastet. Zwischen dem jeweiligen Antasten wird das Sensorsystem in das Werkzeugmagazin geladen, auf ein weiteres Werkzeug gewechselt und wieder auf das Sensorsystem zurück gewechselt. Hierbei wird darauf geachtet, dass sich das Werkzeugmagazin immer in die gleiche Richtung bewegt und auch die Maschine immer aus der gleichen Richtung mit der gleichen Bewegung auf die Kugel zufährt. Die Untersuchungen werden an zwei unterschiedlichen Kugelpositionen durchgeführt.

Das Ergebnis ist in Bild 5.7 dargestellt. Die Graphen in der ersten Spalte stellen den Verlauf der Messwerte über 25 Wiederholungen für die jeweilige Kugelposition dar. Da die Maschine während der Messung thermisch driftet, ist dieser Trend in Y- und Z-Richtung deutlich erkennbar. Dabei stellt sich heraus, dass die Spindelposition für die Nutzung des Greifers in Regelung sein muss und dieser Prozess viel Wärme erzeugt.

Dadurch verschiebt sich die Sensorposition im Verlauf der Untersuchung. Die zweite Spalte zeigt die Messwerte, bei denen dieser Trend mathematisch eliminiert wurde. Die Verteilung der Abweichungen in X-, Y- und Z-Richtung ist als Histogramm dargestellt. Die Abweichungen sind nicht größer als 1,2 µm und werden für die Monte Carlo Methode als eine normalverteilte Zufallsfunktion abgebildet.

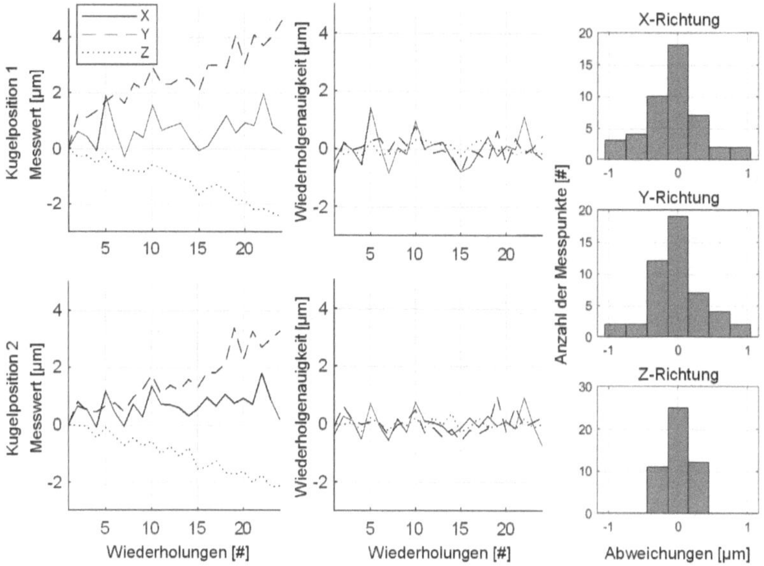

Bild 5.7: Wiederholgenauigkeit des Werkzeugwechsels

Repeatability of the tool change

Wiederholgenauigkeit der Messwertaufnahme

Anschließend wird die Wiederholgenauigkeit der Messwertaufnahme untersucht. Hierbei werden die beiden Kugelpositionen untersucht, die für den Messprozess in Bild 5.3 definiert wurden. Für jede Kugelposition werden drei unterschiedliche Positionen der A-Achse verwendet. Die C-Achse führt bei jeder A-Achsposition eine Umdrehung als Messbewegung aus. Um den Zeitversatz zwischen den Wiederholungen zu minimieren, wird diese Messbewegung in einer A-Achsposition fünfmal direkt hintereinander durchgeführt, bevor die Maschine zur nächsten A-Achsposition verfährt. Dies wird auch für die zweite Kugelposition wiederholt. Die synchron aufgenommenen Daten des Sensors und der Steuerung werden zunächst vorgefiltert, indem die Daten, die die definierte Datenrate über- bzw. unterschreiten, für die weiteren Berechnungen nicht berücksichtigt werden (s. Kapitel 4.1.2). Auf diese Weise können mögliche Änderungen der Datenrate aufgrund von Kommunikationsfehlern oder -verzögerungen weitestgehend vernachlässigt werden. Die verbleibenden Daten werden dann für die gesuchten Maschinenpositionen interpoliert. Für den Vergleich der Wiederholgenauigkeit werden nur die Daten an den Positionen berücksichtigt, die nach der Vorfilterung bei allen fünf Wiederholungen erfolgreich aufgenommen wurden.

In Bild 5.8 sind die Ergebnisse dargestellt. Die Werte der Wiederholgenauigkeiten liegen bei beiden Kugelpositionen nicht über 2,2 µm und zumeist unter 1 µm. Bei der ersten Kugelposition ist das Ergebnis etwas schlechter als bei der zweiten Kugelposition, was durch die höhere Geschwindigkeit der Linearachsen aufgrund des größeren Radius erklärt werden kann. Diese Unsicherheit wird ebenfalls als Zufallsfunktion mit den entsprechenden Verteilungen in der Monte Carlo Methode verwendet.

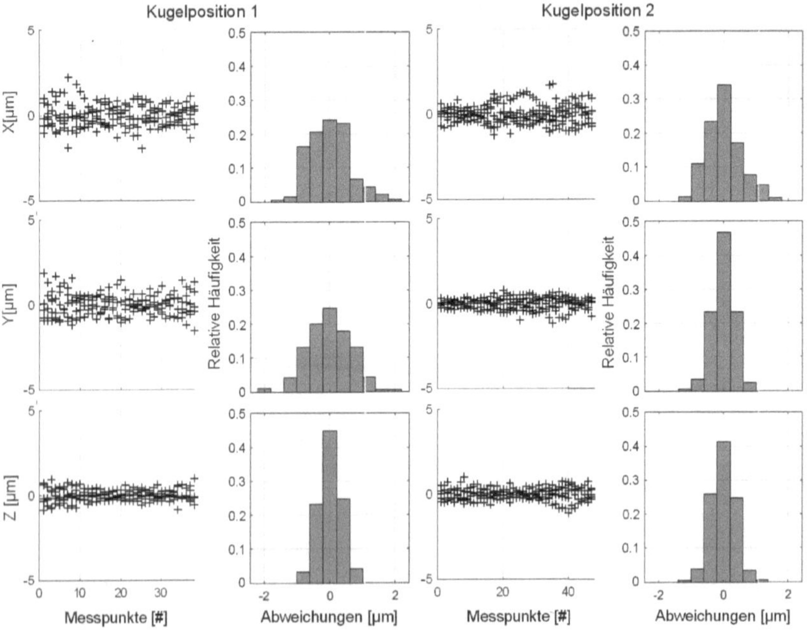

Bild 5.8: Wiederholgenauigkeit der Messwertaufnahme

Repeatability of the measurement recording

Positionsabweichung der Spindel während des Messprozesses

Der Sensor bzw. die Spindel darf sich während der Messung des dynamischen R-Tests nicht drehen. Jedoch wird die Spindelposition aufgrund der thermischen Einflüsse (s. Kapitel 5.3.1) während des dynamischen R-Tests nicht geregelt. Um den daraus resultierenden Einfluss zu analysieren, wird eine Untersuchung durchgeführt, bei der die Spindelposition während des R-Tests kontinuierlich aufgezeichnet und verglichen wird. Dabei werden 15 Wiederholungen der definierten Messbewegungen des dynamischen R-Tests für die beiden Kugelpositionen durchgeführt. Das Ergebnis in Bild 5.9 zeigt, dass die Spindelposition nicht mehr als 160 µrad abweicht, wobei die

Encoderauflösung der Spindel ca. 12 µrad beträgt. Dieser Winkelfehler kann im relevanten Messbereich des Sensors (1 mm) maximal einen Fehler von 160 nm (1 mm x 160 µrad) verursachen. Aufgrund des vernachlässigbar kleinen Einflusses wird die Positionsabweichung der Spindel in der Monte Carlo Methode nicht berücksichtigt.

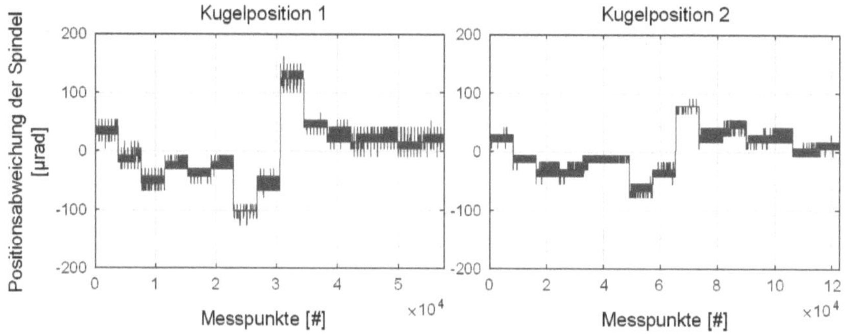

Bild 5.9: Positionsabweichung der Spindel während des dynamischen R-Tests
Position error of the spindle during the dynamic R-Test

Thermische Stabilität des Sensorsystems und Messaufbau

Das Sensorsystem Trinity besteht aus Materialien, die sich thermisch ausdehnen können. Zusätzlich ist der Sensor mit einer Werkzeugaufnahme für die HSK 63-Schnittstelle zur Spindel ausgestattet. Da das Sensorsystem und die Werkzeugaufnahme rotationssymmetrisch aufgebaut sind, wirkt der thermische Einfluss hauptsächlich in die Längsrichtung des Systems. Messtechnisch wirkt sich dieser Einfluss direkt auf die Abweichung Z0A der Demonstratormaschine aus. Um diesen Einfluss zu analysieren, wird die Temperatur an der Werkzeugaufnahme über mehrere Referenzuntersuchungen gemessen. Das Längennormal, das auf dem Tisch befestigt wird, wird ebenfalls durch die Temperaturänderung der Umgebung und des Tisches beeinflusst. Aufgrund des symmetrischen Aufbaus wirkt dieser Einfluss ebenfalls primär in die Längsrichtung. Messtechnisch wirkt sich dieser Einfluss auf die Positionierabweichungen der Linearachsen EXX und EYY aus. Daher wird in mehreren Referenzversuchen auch die Temperatur des Längennormals gemessen. Die Temperaturänderung des Sensorsystems sowie des Längennormals und die damit verbundene thermische Ausdehnung werden in der Monte Carlo Methode simuliert. Somit wird deren Einfluss auf die Messunsicherheit der einzelnen Abweichungen berücksichtigt.

Thermo-elastisches Verhalten der Maschine während der Messung

Trotz der kurzen Messdauer (5 Minuten) kann sich der thermo-elastische Zustand der Maschine während der Messung ändern. Dieser Einfluss ist situationsabhängig und kann größer sein, wenn die Messung z.B. nach einer starken Belastung durchgeführt wird. Um diesen Einfluss bei der Demonstratormaschine zu analysieren, wird eine Untersuchung durchgeführt, bei der der Messprozess des dynamischen R-Tests zwischen unterschiedlichen Belastungen sowie Abkühlungen wiederholt wird. Hierbei wird, wie in Kapitel 5.2 beschrieben, die Messung des Längennormals (vier Kugelpositionen) vor und nach dem dynamischen R-Test durchgeführt. Das thermo-elastische Verhalten, das während des Messprozesses auftritt, wird anhand der Änderungen des Längennormalmessung (TCP-Verschiebung an den vier Kugelpositionen) analysiert. Die gesamte Untersuchung dauert 36 Stunden, wobei die Messung einmal pro Stunde durchgeführt wird. Das Ergebnis der Längennormalmessungen (für Kugelposition 1 und 2 des Längennormals) ist in Bild 5.10 dargestellt.

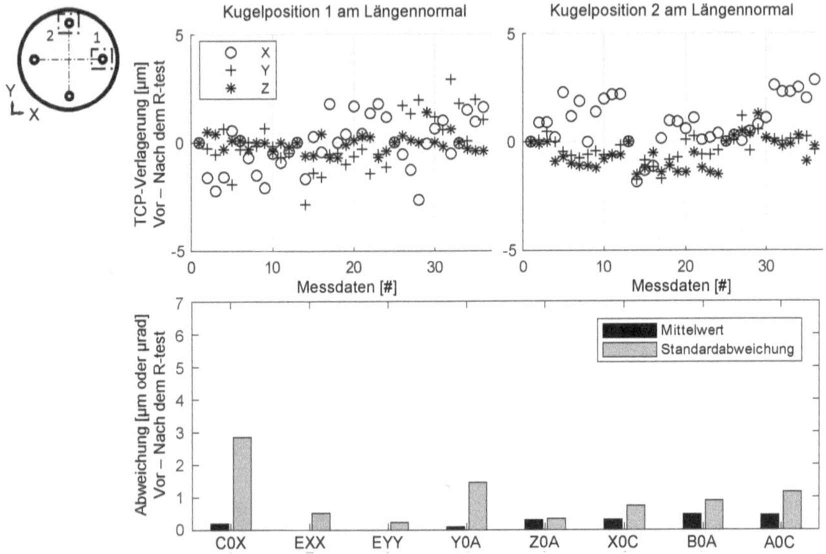

Bild 5.10: Änderung der Messwerte an den Kugelpositionen 1 und 2 (oben) während des dynamischen R-Tests an zwei Kugelpositionen und die daraus berechneten Abweichungen

Change in the measured values at ball positions 1 and 2 (top) during the dynamic R-Test on two ball positions and the errors calculated from them

Die Änderungen der beiden Kugelpositionen betragen maximal ca. 2,5 µm, wobei die Änderung in Z-Richtung am geringsten ist. Aus den Änderungen der vier Kugelpositionen können acht thermo-elastische Abweichungen (s. Bild 5.10) berechnet werden. Für jede Abweichung ist der Mittelwert sowie die Standardabweichung aus 36 Messdaten dargestellt. Es ist zu erkennen, dass die Abweichungen C0X und Y0A die größten Änderungen aufgrund des thermo-elastischen Verhaltens aufweisen. Um deren Einfluss auf die zu berechnenden Abweichungen zu berücksichtigen, werden die Änderungen dieser acht Abweichungen in der Monte Carlo Methode berücksichtigt. D.h. die Größe der Abweichungsänderungen wird bei jeder Simulation der Monte Carlo Methode aus der gemessenen Verteilung neu bestimmt. Die Änderungen der einzelnen Abweichungen werden als linear ansteigende Funktion simuliert und daraus die 3D-Verlagerungen am TCP an den Messpositionen des R-Tests berechnet. Diese werden als eine Unsicherheit zu den 3D-Verlagerungen der idealen Maschine addiert (s. Bild 5.6).

Zusammenfassend sind die für die Monte Carlo Methode relevanten Unsicherheiten in Tabelle 5.7 aufgelistet. Die methodisch bedingten Unsicherheiten werden mit einer normalverteilten Zufallsfunktion erzeugt. Die thermisch bedingten Unsicherheiten werden als eine Verschiebung (Sensorsystem und Messaufbau) oder eine linear ansteigende Funktion (thermo-elastisches Verhalten der Maschine) modelliert. Dabei sind die thermisch bedingten Unsicherheiten stark von der Maschine sowie den Untersuchungsbedingungen abhängig und sind daher nur für diese gültig. Sie liefern jedoch eine Aussage über mögliche Auswirkungen und können daher für die Analyse der Messunsicherheit sinnvoll verwendet werden.

Tabelle 5.7: Unsicherheiten für die Eingabe in die Monte Carlo Methode

Uncertainties for the input to the Monte Carlo method

Methodisch bedingte Unsicherheiten (Standardabweichung, k=2)		
Unsicherheit des Sensorsystems	X: 0,7 µm, Y: 0,5 µm, Z: 0,6 µm	
Wiederholgenauigkeit des Werkzeugwechsels	X: 1,1 µm, Y: 0,82 µm, Z: 0,38 µm	
Genauigkeit der Datenerfassung	Kugelposition 1 X: 1,32 µm, Y: 1,26 µm, Z: 0,68 µm	Kugelposition 2 X: 1,06 µm, Y: 0,64 µm, Z: 0,68 µm
Thermisch bedingte Unsicherheiten		
Messaufbau (Kugelnormal)	Primär in die längliche Richtung des Normals 1,2 µm/(m*K)	
Messsystem (Sensorsystem)	Primär in Z-Richtung des Sensors 11 µm/(m*K)	
Veränderung der Abweichungen während der Messungen	s. Bild 5.10	

5.4.3 Methode zur Validierung der Ergebnisse

Method for validation of the results

Der Einfluss der einzelnen Abweichungen auf den TCP kann aus den berechneten Messunsicherheiten nicht direkt abgeleitet werden. Aus diesem Grund werden zwei unabhängige Validierungsmethoden definiert. Für die beiden Validierungsmethoden werden die TCP-Verlagerungen an verschiedenen Maschinenpositionen mit den definierten Abweichungen (Eingabe in die Monte Carlo Methode) und den berechneten

Abweichungen (Ausgabe aus der Monte Carlo Methode) simuliert und verglichen. Bei der ersten Validierungsmethode, der „3D-Validierung“, wird die Genauigkeit der Linearachsen validiert, indem die 125 Messpunkte für den Vergleich der TCP-Verlagerungen verwendet werden (siehe Bild 2.1 links). Diese Messpunkte sind äquidistant über das würfelförmige Messvolumen verteilt. Für die zweite Validierungsmethode, die „R-Test-Validierung“, wird eine Maschinenbewegung des R-Tests simuliert, bei der sich alle fünf Bewegungsachsen gleichzeitig bewegen (Bild 5.11 rechts). Dabei wird eine Kugelposition und die Maschinenbewegung definiert, die beim Messprozess nicht verwendet werden.

Die Messunsicherheit sinkt in der Regel mit der kleineren Anzahl der zu berechnenden Abweichungen. Allerdings kann damit auch ein geringerer Anteil des thermo-elastischen Verhaltens abgebildet werden. Mit den beiden Validierungsmethoden wird der tatsächliche Einfluss der gemessenen Abweichungen auf den TCP validiert. Dadurch kann die Abhängigkeit der Abweichungen („Interdependency“) berücksichtigt werden und die optimale Modellstufe der Abweichungen für den Messprozess und die Maschine analysiert werden. Diese Validierungsmethoden werden in den folgenden Kapiteln für die Analyse der Ergebnisse der Monte Carlo Methode und deren experimentelle Validierung verwendet.

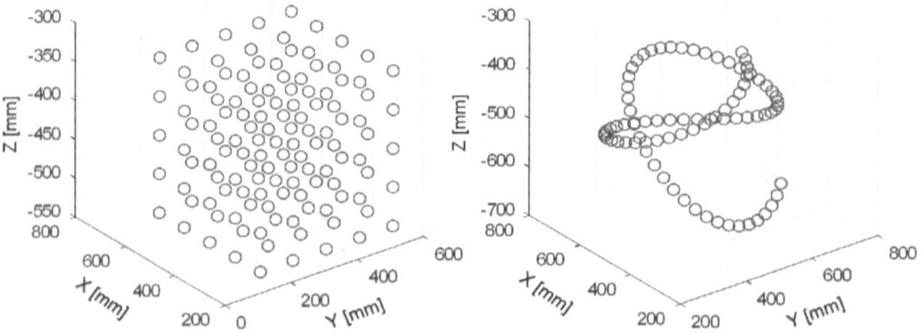

Bild 5.11: Methode zur unabhängigen Validierung der Ergebnisse, 3D- (links) und R-Test-Validierung (rechts)

Method for independent validation, 3D- (left) and R-Test-Validation (right)

5.4.4 Ergebnisse der Monte Carlo Methode

Results of the Monte Carlo Method

Die Monte Carlo Methode wird zunächst für die methodisch bedingten Unsicherheiten wie in Bild 5.6 durchgeführt. Hierbei werden die Bewegungsabweichungen der Achsen, außer der C-Achse, zunächst mit zwei Spline-Intervallen modelliert. Die Ergebnisse hierzu sind in Bild 5.12 dargestellt. Die Grafiken in der ersten Zeile zeigen die statistische Auswertung der residualen Vektorlänge (Euklidische-Norm) der TCP-Verlagerungen. Hierfür wird die Differenz der TCP-Verlagerungen gebildet, die mit den ursprünglichen (Eingabe in eine Simulation der Monte Carlo Methode) und den berechneten Abweichungen (Ausgabe aus der Simulation; je nach Modellstufe unterschiedlich) simuliert werden. Der RMSE gibt den Root-Mean-Square-Error der residualen Vektorlänge und das Maximum die maximale residuale Vektorlänge an.

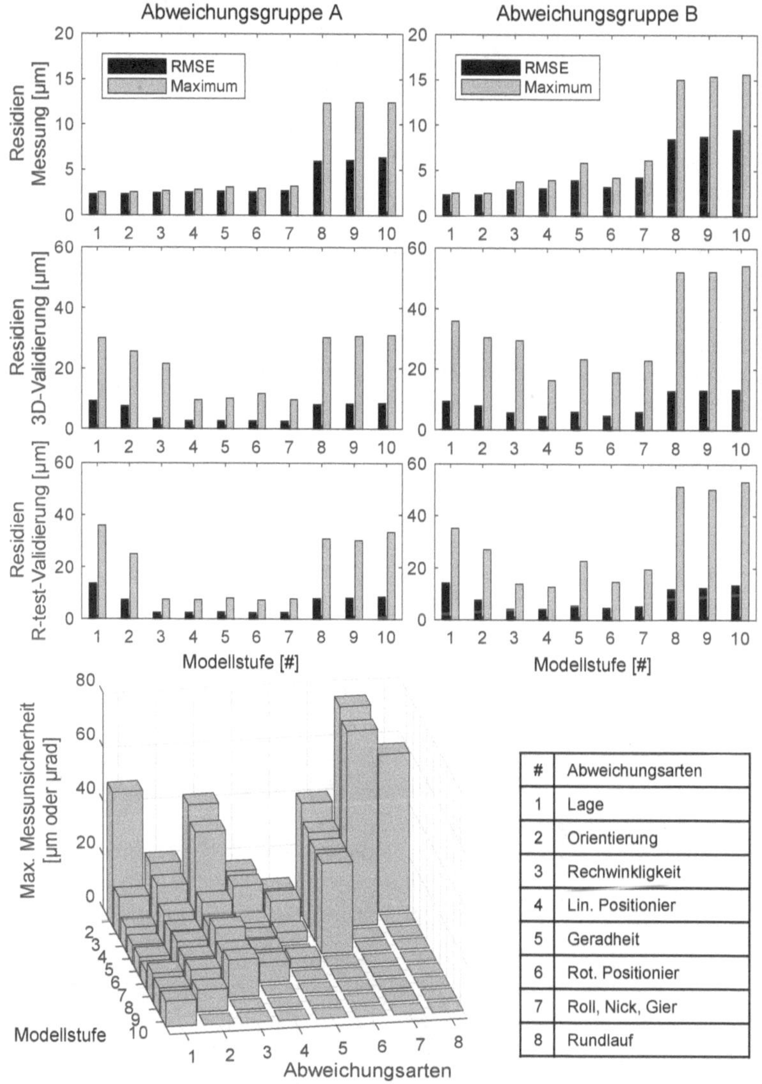

#	Abweichungsarten
1	Lage
2	Orientierung
3	Rechwinkligkeit
4	Lin. Positionier
5	Geradheit
6	Rot. Positionier
7	Roll, Nick, Gier
8	Rundlauf

Bild 5.12: Ergebnisse der Monte Carlo Methode für die methodisch bedingten Unsicherheiten: Vergleich der unterschiedlichen Modellstufen

Results of the Monte Carlo method for the methodological uncertainties: Comparison of the different error model levels

Für die beiden Abweichungsgruppen (s. Tabelle 5.5) ist die Tendenz zu erkennen, dass die Residuen mit niedrigeren Modellstufen (größere Abweichungskombination) kleiner werden. D.h. die TCP-Verlagerungen der R-Test-Messung werden mit der steigenden Anzahl der Abweichungen besser abgebildet. Die Grafiken in der zweiten und dritten Zeile zeigen die Ergebnisse der Validierungen (Kapitel 5.4.3). Dass die TCP-Verlagerungen hierbei mit steigender Anzahl der Abweichungen zunächst besser und ab einer bestimmten Modellstufe wieder schlechter abgebildet werden, ist als ein deutlicher Trend zu erkennen. Nur mit den Lage- und Orientierungsabweichungen (Modellstufe 8 - 10) werden die TCP-Verlagerungen nicht ausreichend genau abgebildet. Mit den zusätzlichen translatorischen Bewegungsabweichungen der Linearachsen (Modellstufe 4 - 7) werden die Ergebnisse deutlich besser. Mit den weiteren Bewegungsabweichungen der Linear- und Rotationsachsen werden die Ergebnisse wieder schlechter. Dies zeigt, dass die Messunsicherheit mit größerer Abweichungskombination zunimmt und somit die Messung zusätzlicher Abweichungen ab einem bestimmten Punkt nicht mehr sinnvoll ist bzw. eher zu einem schlechteren Ergebnis führt. Insgesamt zeigt sich dieses Overfitting bei der Messung vieler Abweichungen. So wird die TCP-Verlagerungen der R-Test-Messung bei steigender Anzahl gemessener Abweichungen zwar gut bzw. besser abgebildet, die Validierungsergebnisse für die unabhängigen Maschinenpositionen werden jedoch schlechter. Das Optimum liegt hierbei bei der Modellstufe 4, da dieses sowohl bei der 3D-Validierung als auch bei der R-Test-Validierung ein gutes Ergebnis zeigt.

Das letzte Diagramm zeigt die maximalen Messunsicherheiten der berechneten Abweichungen für die unterschiedlichen Modellstufen bei Verwendung der Abweichungsgruppe A. Hierbei werden die Abweichungen je nach Art gruppiert („Abweichungsarten"). Die Modellstufe 1 wird wegen der zu großen Messunsicherheit nicht dargestellt. Das Diagramm zeigt die Tendenz, dass die Abweichungen mit zunehmender Anzahl größere Messunsicherheiten aufweisen. So erhöhen sich z.B. die Messunsicherheiten der Lage- und Orientierungsabweichungen (Abweichungsarten 1 - 3) durch die Messung weiterer Abweichungen, so dass für die Modellstufe 2 diese größer als 40 µrad bzw. 40 µm werden. Die Ergebnisse bei Verwendung der Abweichungsgruppe B unterscheiden sich dazu nur geringfügig, da der Einfluss der Abweichungsgrößen auf die Messunsicherheit aufgrund des linearisierten Modells gering ist. Für die Modellstufe 4 liegen die Messunsicherheiten der translatorischen und rotatorischen Abweichungen unter 5 µm bzw. 10 µrad mit Ausnahme der Positionierabweichungen der Rotationsachsen.

Die Ergebnisse der Monte Carlo Methode mit zusätzlichen thermisch bedingten Unsicherheiten sind in Bild 5.13 dargestellt. Bei beiden Validierungsergebnissen ist zu erkennen, dass die Maximalwerte etwas größer sind als ohne die thermisch bedingten Unsicherheiten. Bei den RMSE-Werten sind die Unterschiede nur minimal. Der Trend der Ergebnisse sowie des Overfittings ist hier, so wie zuvor bei den Ergebnissen ohne die thermisch bedingten Unsicherheiten, ebenfalls zu erkennen. Die optimale Modellstufe ist je nach Abweichungsgruppe und Validierungsmethode leicht unterschiedlich.

Die Modellstufe 4 wird jedoch weiterhin als das Optimum betrachtet, da seine Maximalwerte und RMSE-Werte für beide Validierungsmethoden und Abweichungsgruppen relativ klein sind. Der Trend der Messunsicherheiten ist ebenfalls ähnlich wie bei der Analyse ohne die thermisch bedingten Unsicherheiten, wobei die Messunsicherheiten der einzelnen Abweichungen etwas größer sind. Die genauen Messunsicherheiten für die jeweiligen Abweichungen sind in Kapitel 5.4.5 bei dem Vergleich mit der experimentellen Validierung dargestellt.

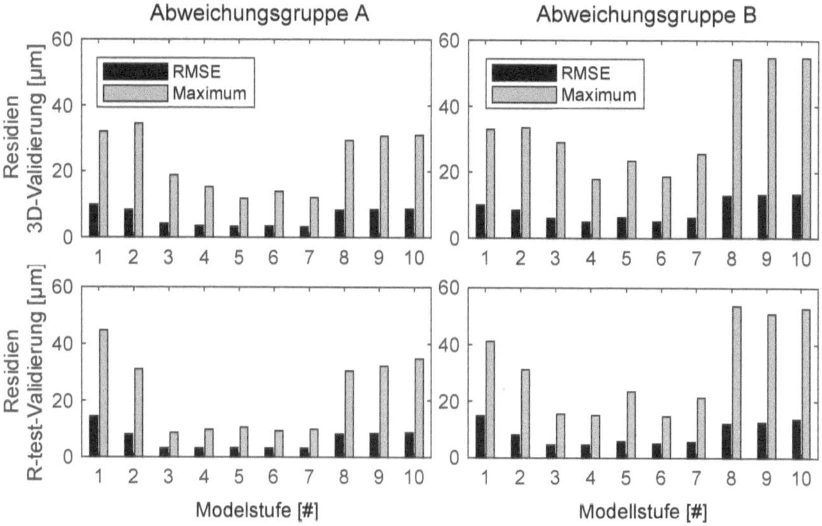

Bild 5.13: Ergebnisse der Monte Carlo Methode für die methodisch bedingten und thermisch bedingten Unsicherheiten: Validierungen

Results of the Monte Carlo method for the methodological and thermal uncertainties: Validations

5.4.5 Experimentelle Validierung der Ergebnisse

Experimental validation of the results

Um die Aussage der Monte Carlo Methode zu validieren, werden experimentelle Untersuchungen durchgeführt. Hierfür wird die Kompensationsmethode „Volumetric Compensation System“ (VCS) von Siemens AG verwendet, um die geometrischen Abweichungen an der Maschine gezielt zu erzeugen. Der vollständige Messprozess wird einmal im originalen Zustand (VCS aus) und einmal mit aktivem VCS (VCS ein) sukzessiv durchgeführt. Die Abweichungen werden mit den gleichen Bedingungen wie in Tabelle 5.4 für die Abweichungsgruppe A (Tabelle 5.5) definiert. Für das VCS werden die Abweichungen an ausreichend vielen Stützstellen (Positionen) der Achse berechnet. Zwischen diesen Stützstellen führt das VCS eine lineare Interpolation durch. Die gemessenen Daten der beiden Messungen mit eingeschaltetem und ausgeschaltetem VCS werden subtrahiert, um nur die Differenz zu berechnen. Auf diese Weise wird eine ähnliche Bedingung wie bei der realen Messung von thermo-elastischen Abweichungen aus zwei Zuständen (VCS ein -VCS aus) geschaffen.

Um die Unsicherheit der Datenerfassungsmethode zu validieren, wird zunächst eine Untersuchung durchgeführt, bei der die Differenz zwischen der Soll-TCP-Verlagerung (Simulation aus den Abweichungen) und der Ist-TCP-Verlagerung (VCS ein - VCS aus, wie oben beschrieben) für zwei verschiedene VCS-Tabellen (VCS-Tabelle 1 und 2) verglichen wird. In Bild 5.14 ist das Ergebnis dargestellt. In den beiden linken Diagrammen sind die Sensordaten des dynamischen R-Tests an den zwei Kugelpositionen (VCS ein - VCS aus) für die unterschiedlichen VCS-Tabellen dargestellt. Die beiden VCS-Tabellen erzeugen TCP-Verlagerungen von knapp über 30 µm. Die Änderung der Kugelposition ist durch den Größenunterschied der Sensorwerte (ca. beim 150. Messpunkt) zu erkennen. Insgesamt wurden knapp 400 Messpunkte aufgenommen.

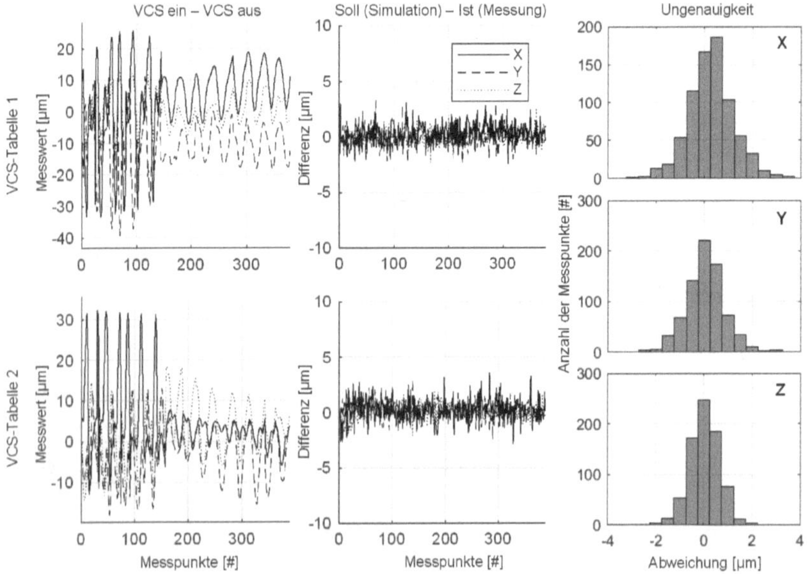

Bild 5.14: Messstechnische Validierung der Messmethode mit VCS bezüglich der TCP-Verlagerung

Metrological validation of the measurement method with VCS regarding the TCP displacement

Die beiden mittleren Diagramme zeigen die Differenz zwischen den Soll-TCP-Verlagerungen und den Ist-TCP-Verlagerungen. Die Differenz liegt in den meisten Fällen unter 2 µm und überschreitet in allen drei Richtungen nicht 3 µm. Die Verteilung der Abweichungen ist in den nebenstehenden Diagrammen für die drei Richtungen dargestellt. Auch hier ist zu erkennen, dass die TCP-Verlagerungen, die durch die VCS-Tabellen erzeugt werden, erfolgreich gemessen werden. Die Ungenauigkeiten resultieren dabei hauptsächlich aus den methodisch bedingten Unsicherheiten und nur zum Teil aus den thermisch bedingten Unsicherheiten, da sich der thermische Zustand während der beiden nacheinander durchgeführten Messungen nicht wesentlich ändert. Das Ergebnis bestätigt somit die Qualität der Datenerfassungsmethode.

Um die tatsächlichen Messunsicherheiten der einzelnen Abweichungen zu validieren, wird eine weitere Untersuchung durchgeführt. Für jede der beiden Abweichungsgruppen A und B werden fünf VCS-Tabellen definiert. Die Messung wird gleich wie oben mit eingeschaltetem und ausgeschaltetem VCS für jede VCS-Tabelle durchgeführt. Anschließend werden die einzelnen Abweichungen aus der Differenz von zwei Messungen (VCS ein - VCS aus) berechnet. Hierbei werden die gleichen Validierungsmethoden wie in Kapitel 5.4.3 angewendet. Das Ergebnis der Validierungsmethoden ist in Bild 5.15 dargestellt. Die Berechnung der Maximalwerte (Maximum aller Daten) sowie der RMSE-Werte (RMSE aller Daten) erfolgt für die beiden Abweichungsgruppen jeweils aus den fünf Datensätzen (fünf VCS-Tabelle). Bei den RMSE-Werten ist die Tendenz zu erkennen, dass die Residuen sowohl bei den hohen als auch bei den niedrigen Modellstufen groß sind. Auch die Maximalwerte sind bei den hohen Modellstufen deutlich größer als bei den anderen. Allerdings ist die Steigung der Werte bei den niedrigen Modellstufen nicht so stark wie bei dem Ergebnis der Monte Carlo Methode. Dies ist auf die geringe Anzahl von Datensätzen zurückzuführen, da die Auswertung nur aus den fünf Messungen erfolgt. Trotz der kleinen Datensätzen ist der Trend mit der optimalen Modellstufe 4 bei den RMSE-Werten erkennbar, wobei die Modellstufe 6 ähnlich gut ist.

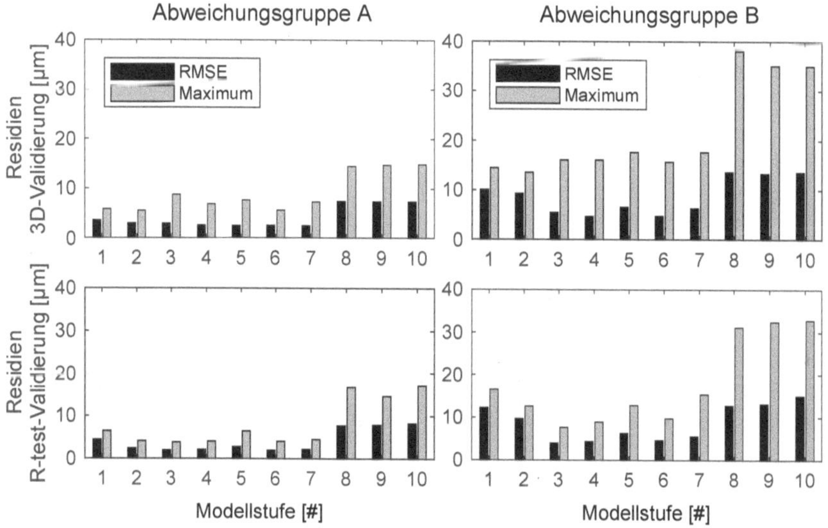

Bild 5.15: Ergebnisse der experimentellen Untersuchungen für die unterschiedlichen Modellstufen der Abweichungen (3D-Validierung und R-Test-Validierung)

Results of the experimental investigations for the different error model levels (3D validation and R-Test validation)

Die Messunsicherheiten aus dem Ergebnis der Monte Carlo Methode sowie die Differenzen der Abweichungen aus der Untersuchung mit den VCS-Tabellen sind für die Modellstufe 4 in Bild 5.16 dargestellt. Da die Messunsicherheiten aufgrund der Linearisierung nicht von der Abweichungsgröße abhängen, werden die Untersuchungen der zehn unterschiedlichen VCS-Tabellen gemeinsam ausgewertet. Für die Ergebnisse der Monte Carlo Methode werden die doppelten Standardabweichungen verwendet. Damit sollen 95 % der Fehler statistisch innerhalb dieser Werte liegen.

Im oberen Bild sind die Lage- und Orientierungsabweichungen gegenübergestellt. Die Messunsicherheiten der Lageabweichungen aus der Monte Carlo Methode liegen ohne und mit thermisch bedingten Unsicherheiten (thermischen Einflüssen) unter 2,5 µm bzw. 6,5 µm. Dabei werden Z0A und Y0A stark von den thermisch bedingten Messunsicherheiten beeinflusst. Die Messunsicherheiten der Orientierungsabweichungen aus der Monte Carlo Methode liegen überwiegend unter 5 µrad. Die Messunsicherheiten der Rechtwinkligkeitsabweichungen liegen mit thermischen Einflüssen bei maximal 8 µrad (A0Z). Die Ergebnisse der VCS-Untersuchungen liegen alle unter den Messunsicherheiten aus der Monte Carlo Methode mit thermischen Einflüssen und meistens unter denen ohne thermische Einflüsse. Dieses Verhalten lässt sich dadurch erklären, dass die Maschine bei den VCS-Untersuchungen durch die sukzessive Durchführung der Messungen nur kleine Änderungen der thermischen Zustände aufweist.

In den unteren Diagrammen sind die einzelnen Bewegungsabweichungen dargestellt. Für die Positionierabweichungen und Geradheitsabweichungen der Linearachsen sind ohne thermische Einflüsse maximal 2 µm bzw. 1,5 µm Messunsicherheit zu erkennen. Mit thermischen Einflüssen liegen die Messunsicherheiten von EYY sowie EYX bei ca. 4 µm. Bei den Positionierabweichungen der Rotationsachsen ist der Unterschied zwischen den zwei Analysen der Monte Carlo Methode (ohne und mit thermischen Einflüssen) relativ gering. Die Ergebnisse aus den VCS-Untersuchungen liegen überwiegend unter den Messunsicherheiten ohne thermische Einflüsse. Es gibt zwei Ausreißer bei EZZ und EXZ, die jedoch nur eine sehr geringe Differenz aufweisen.

Die Ergebnisse der Messunsicherheitsanalyse mit der Monte Carlo Methode sowie der experimentellen Validierung mit den vier Intervallen der Spline-Modellierung (statt wie bisher zwei Intervallen) sind in Bild 10.2 im Anhang dargestellt. Dabei sind die Messunsicherheiten insgesamt etwas höher als die Ergebnisse mit den zwei Intervallen der Spline-Modellierung. Die Messunsicherheiten aus der experimentellen Validierung liegen dabei ebenfalls unter den Messunsicherheiten der Monte Carlo Methode.

Insgesamt konnte die Messunsicherheit der Abweichungen (Modellstufe 4) analysiert werden. Mit den thermischen Einflüssen können diese etwas größer werden, dies ist jedoch sehr situationsabhängig. Für die Messung der Geradheitsabweichungen der Abweichungsgruppe A können die Messunsicherheiten teilweise nicht ausreichen. Jedoch ist die Größe der thermo-elastischen Abweichungen der Demonstratormaschine nicht bekannt und muss bei den thermischen Untersuchungen in Kapitel 6.2 der Messunsicherheit der Abweichungen gegenübergestellt werden. Insgesamt bestätigen die experimentellen Untersuchungen mit zehn VCS-Tabellen die Aussage der Monte Carlo Methode.

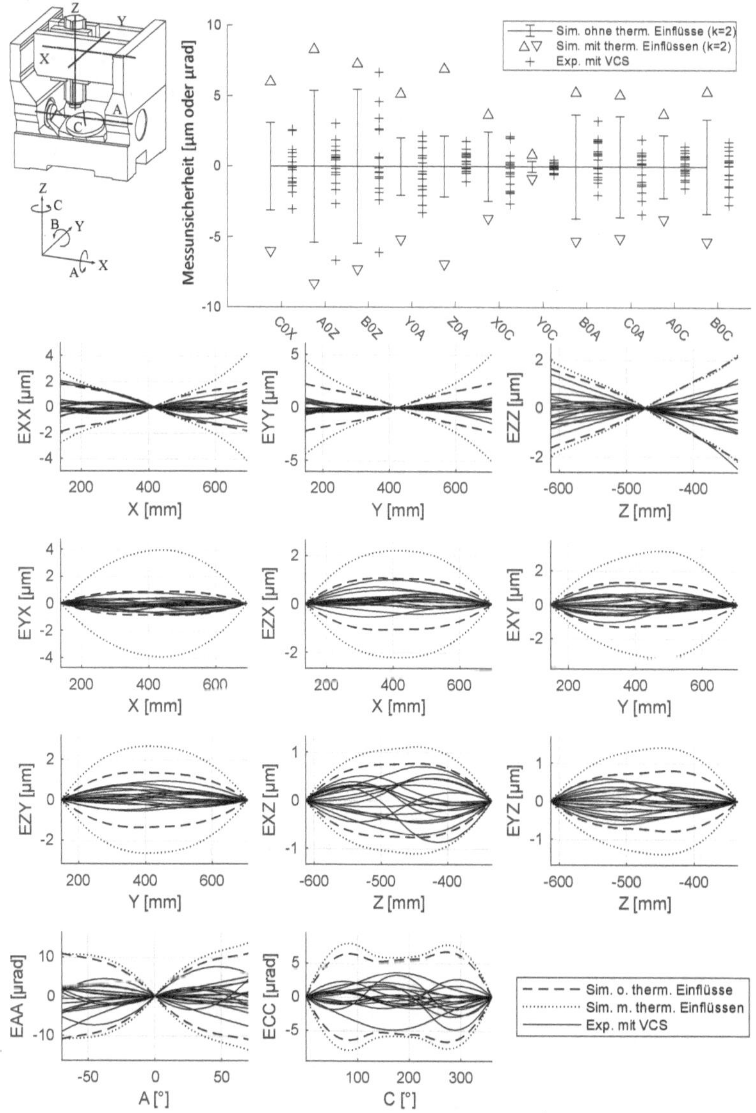

Bild 5.16: Vergleich der Messunsicherheiten der Abweichungen der Modellstufe 4 aus der Monte Carlo Methode sowie der experimentellen Untersuchungen

Comparison of the measurement uncertainties of the error model level 4 from the Monte Carlo method and the experimental investigations

5.5 Fazit

Conclusion

In diesem Kapitel wurde der Messprozess für eine Demonstratormaschine entwickelt und dessen Messunsicherheit sowohl simulativ als auch experimentell untersucht. Zunächst wurde die Demonstratormaschine vorgestellt. Der Messprozess wurde basierend auf den simulativen und experimentellen Voruntersuchungen entwickelt. Dabei wurden verschiedene Modellstufen der Abweichungen definiert, die unterschiedliche Abweichungskombinationen beinhalten und zur Analyse der messbaren Abweichungen herangezogen wurden. Für die Analyse der Messunsicherheit wurde die Vorgehensweise der Monte Carlo Methode festgelegt. Im Anschluss wurden die möglichen Unsicherheitsquellen aufgelistet sowie quantifiziert und als Input für die Monte Carlo Methode verwendet. Die Ergebnisse der Monte Carlo Methode wurden für die verschiedenen Modellstufen der Abweichungen analysiert. Die experimentellen Untersuchungen mit den VCS-Tabellen validieren die Ergebnisse der Monte Carlo Methode und belegen damit die Aussage der simulativen Messunsicherheitsanalyse. Aus diesem Kapitel lassen sich folgende Erkenntnisse ableiten.

- Der entwickelte Messprozess verwendet die Messungen am Längennormal und den dynamischen R-Test an zwei unterschiedlichen Kugelpositionen. Ab der zweiten Kugelposition liefern weitere zusätzliche Kugelpositionen gleicher Höhe keinen deutlichen Mehrwert gegenüber dem Messaufwand. Der entwickelte Messprozess verwendet den Vorschub 50°/s und benötigt für den gesamten Ablauf ca. 5 Minuten.
- Die Quellen der Messunsicherheiten werden in zwei Kategorien unterteilt: 1. Methodisch-bedingte Unsicherheit, 2. Thermisch-bedingte Unsicherheit. Die methodisch bedingte Unsicherheit repräsentiert dabei die Grundgenauigkeit der Messmethode u.a. aufgrund der Datenerfassungsmethode, der Grundgenauigkeit der Demonstratormaschine sowie des Messsystems. Die thermisch bedingte Unsicherheit hingegen stellt die thermischen Zustandsänderungen der Maschine sowie des Messsystems während des Messprozesses bzw. der Untersuchungen dar.
- Die Qualität der Messung steigt zunächst mit niedrigeren Modellstufen (größere Abweichungskombination), da mit mehr Abweichungen auch das Verhalten der Maschine besser abgebildet wird. Ab einer bestimmten Modellstufe nimmt die Qualität jedoch wieder ab, da die Messunsicherheit der einzelnen Abweichungen größer wird und somit die Qualität negativ beeinflusst wird.
- In der durchgeführten Messunsicherheitsanalyse des Messprozesses liegt das Optimum bei der Modellstufe 4, welche alle Lage- und Orientierungsabweichungen, Rechtwinkligkeitsabweichungen, Positionierabweichungen aller Achsen sowie die Geradheitsabweichungen der Linearachsen beinhaltet. Bei höheren Modellstufen (wenigeren Abweichungen) wird das Maschinenverhalten im Vergleich dazu schlechter abgebildet. Auch bei niedrigeren Modellstufen (größere

Abweichungskombination) werden die Ergebnisse aufgrund von Overfitting schlechter.

- Die Messunsicherheiten der einzelnen Abweichungen der Modellstufe 4 liegen in der Regel unter 2 µm bzw. 5 µrad ohne Berücksichtigung der thermisch bedingten Unsicherheiten und unter 5 µm bzw. 10 µrad mit Berücksichtigung der thermisch bedingten Unsicherheiten. Dabei hat die Größe der Abweichungen keinen Einfluss auf die Messunsicherheit der einzelnen Abweichungen, da das Gleichungssystem linearisiert ist.
- Die stichprobenartigen experimentellen Untersuchungen mit den VCS-Tabellen bestätigen die Ergebnisse der Monte Carlo Methode.

Insgesamt zeigt die Messunsicherheitsanalyse des entwickelten Messprozesses für die Modellstufe 4 mit 23 Abweichungen ein gutes Ergebnis. Der entwickelte Messprozess des dynamischen R-Tests reduziert dabei die Messdauer gegenüber der Messmethode des statischen R-Tests von über einer Stunde auf fünf Minuten. Die erste Forschungshypothese sowie die Bewertungsannahmen des dynamischen R-Tests in Tabelle 2.2 konnten somit bestätigt werden.

Im nächsten Kapitel soll daher der Messprozess für die Analyse und Modellierung der thermo-elastischen Abweichungen verwendet werden. Dabei wird die gemessene Größe der thermo-elastischen Abweichungen den Messunsicherheiten gegenübergestellt, um die tatsächlich messbaren Abweichungen zu bewerten.

6 Thermische Untersuchung des Bearbeitungszentrums

Thermal investigation of the machining centre

Der im vorherigen Kapitel entwickelte und validierte Messprozess wird nun für die Analyse und Modellierung des thermo-elastischen Verhaltens der Demonstratormaschine verwendet. Hierzu werden zunächst der Versuchsaufbau sowie die Methode der Untersuchungen detailliert vorgestellt (Kapitel 6.1). Im Anschluss werden die Ergebnisse des gemessenen thermo-elastischen Verhaltens für unterschiedliche Untersuchungsreihen dargestellt (Kapitel 6.2). Die Abweichungen werden mit Hilfe der Temperatur- sowie steuerungsinternen Daten modelliert und an unabhängigen Datensätzen validiert (Kapitel 6.3). Zum Schluss werden die Ergebnisse zusammengefasst (Kapitel 6.3.4).

6.1 Versuchsaufbau

Experimental setup

Für die Untersuchung wird zunächst die Versuchsmethode definiert und die erforderlichen Einheiten zur Messung der Temperatur sowie der steuerungsinternen Daten an der Demonstratormaschine installiert.

6.1.1 Versuchsmethode

Experimental method

Bei mehreren Untersuchungsreihen sollen Datensätze erzeugt werden, die zur Analyse sowie Modellierung des thermo-elastischen Verhaltens verwendet werden. Die Demonstratormaschine weist unter der gewöhnlichen Hallenklimatisierung vergleichsweise geringe Abweichungen auf (s. Kapitel 6.2). Daher liegt der Fokus dieser Arbeit auf die internen Belastungen der Maschine, die durch die Bewegungen der Achsen erzeugt werden.

Während der Untersuchungen werden an mehreren Stellen der Maschinenstruktur die Temperaturen gemessen und die Maschinendaten ausgelesen (vgl. Kapitel 6.1.2). In regelmäßigen Abständen wird die Belastung der Achsen und Abkühlung unterbrochen und es werden die thermo-elastischen Abweichungen mit dem in Kapitel 5 beschriebenen Messprozess des dynamischen R-Tests gemessen (Modellstufe 4 mit zwei Spline-Intervallen). Für die verschiedenen Belastungsarten werden unterschiedliche Untersuchungsreihen definiert. Zu Beginn jeder Untersuchungsreihe wird der Messprozess durchgeführt, bei dem sich die Maschine im thermischen Grundzustand ohne vorherige Belastung befindet. Die zu Beginn durchgeführte Messung dient als Referenz für alle nachfolgenden Messungen der Untersuchungsreihe. So werden die Abweichungen berechnet, die auf thermo-elastische Ursachen zurückzuführen sind. Der grundlegende Aufbau einer Untersuchungsreihe ist Bild 6.1 dargestellt. Nach der Durchführung des Messprozesses zu Beginn folgen mehrere Belastungsphasen, die jeweils etwa eine Stunde dauern. Die Anzahl variiert dabei zwischen vier und sieben Belastungsphasen pro Untersuchungsreihe. Zwischen den einzelnen Belastungsphasen wird der Messprozess durchgeführt, der etwa fünf Minuten dauern. An die Belastungsphasen schließen sich die Abkühlphasen an. Deren Anzahl variiert zwischen sieben und acht. Jede Abkühlphase dauert zwei Stunden. Während dieser Zeit steht die Maschine komplett still. Zwischen den einzelnen Abkühlphasen wird ebenfalls der Messprozess durchgeführt, um die Veränderung der thermo-elastischen Abweichungen zu erfassen. Die Schwankungen der Umgebungstemperatur während der Untersuchungsreihen liegen im Bereich von ± 1°C.

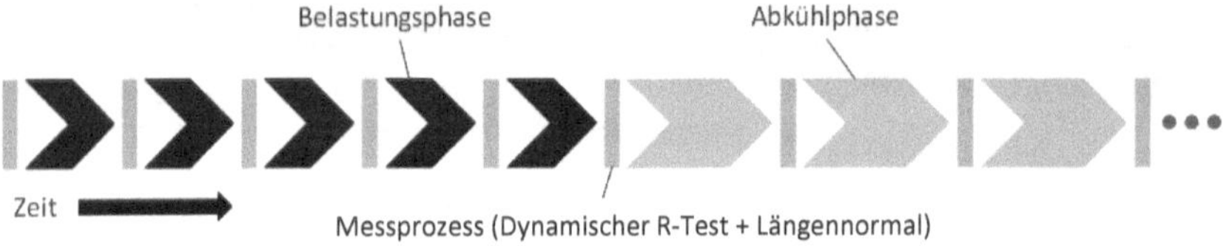

Bild 6.1: Aufbau einer Untersuchungsreihe
Structure of an investigation series

6.1.2 Integration der Messtechnik

Integration of the measurement technology

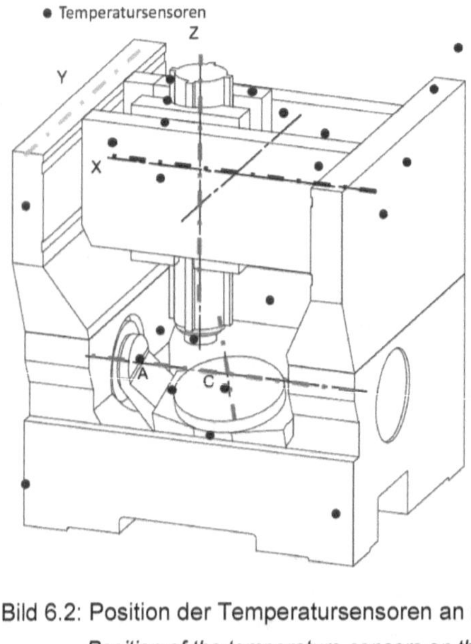

Sensorposition
Umgebung nah an der Maschinengehäuse (Oben)
Umgebung nah am Bett (unten)
Am Bett im Bearbeitungsraum
Am Bett an der Außenhaut (vorne rechts)
Am Bett an der Außenhaut (hinten links)
An dem Längennormal
Über dem Y-Motor (links)
Über dem Y-Motor (rechts)
Zwischen den beiden Y-Führungen (vorne links)
Zwischen den beiden Y-Führungen (mittig rechts)
Am Y-Kugelgewindetriebe (KGT)
In der Struktur des vorderen Querbalkens (links)
In der Struktur des vorderen Querbalkens (rechts)
In der Struktur des hinteren Querbalkens (mittig)
Am X-KGT
Am Führungswagen der Z-Achse
An der Mutter des Z-KGTs
Am Schlitten der Z-Achse
Am Z-Schieber nähe Führung und Maßstab
Spindel
Am Motor der A-Achse
An der Schwinge zwischen der A- und C-Achse
An der C-Achse
An der Spindel

Bild 6.2: Position der Temperatursensoren an der Demonstratormaschine
Position of the temperature sensors on the demonstrator machine

Für die Untersuchungen wird die Maschine mit den Temperatursensoren und der Messeinheit für die steuerungsinternen Daten ausgestattet. In Bild 6.2 sind die Positionen der 24 verwendeten Temperatursensoren dargestellt. Die PT-100-Temperaturfühler sind dabei an den Außen- und Innenseiten der verschiedenen Strukturelemente angebracht. Zur Vermeidung der antikausalen Problematik werden die Temperaturfühler, soweit es die Zugänglichkeit zulässt, möglichst nahe an den Wärmequellen angebracht. Die PT-100-Temperatursensoren wurden nach Klasse A für den gewöhnlichen Temperaturbereich kalibriert. Für die Aufzeichnung der steuerungsinternen Daten wird die gleiche Schnittstelle verwendet wie für die Aufzeichnung der Maschinenpositionen beim R-Test (Kapitel 4.1.2).

In Bild 6.3 sind die Temperatur eines Temperatursensors am Querbalken und die Geschwindigkeit sowie der Motorstrom der X-Achse während einer Untersuchungsreihe aufgezeichnet. Hierbei sind alle Daten über eine Minute gemittelt. Bei der Untersuchungsreihe wird die X-Achse 6 Stunden lang belastet und 12 Stunden lang abgekühlt. Währenddessen wird der Messprozess des R-Tests für die Messung der thermo-elastischen Abweichungen wie in Bild 6.1 angewendet. Bei dem Temperaturverlauf ist die Aufwärmung durch die Belastung sowie die Abkühlung deutlich sichtbar, indem die Temperatur von 22 °C um ca. 8 °C steigt und wieder sinkt. Die Geschwindigkeit bleibt während der Belastung, außer bei der Durchführung des R-Tests, konstant. Der Motorstrom nimmt über die Belastungszeit geringfügig ab, da sich vermutlich die Reibung mit der Zeit durch die Schmierung reduziert oder sich die Form der Kontaktfläche der Führung durch die thermische Aufwärmung verändert [LEE03]. Während der Abkühlphasen, außer während des dynamischen R-Tests, bleiben der Motorstrom und die Geschwindigkeit auf Null.

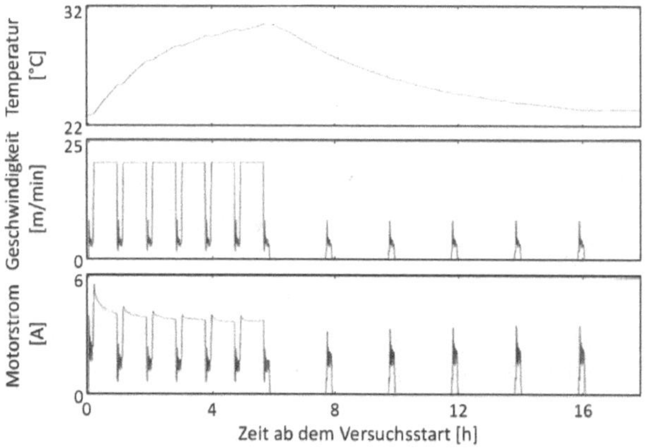

Bild 6.3: Messdaten eines Temperatursensors am Querbalken sowie der Geschwindigkeit und des Motorstroms der X-Achse während einer Untersuchungsreihe der X-Belastung

Measurement data of a temperature sensor at the crossbeam as well as the speed and the motor current of the X-axis during a test series of X-loads

6.2 Charakterisierung des thermo-elastischen Verhaltens

Characterisation of the thermo-elastic behaviour

Externe Belastungen aus der Umgebung, wie Lufttemperaturänderungen sowie Strahlung und Wärme von umliegenden Maschinen, haben einen Einfluss auf die Demonstratormaschine. An der untersuchten Maschine gibt es keine direkte Sonneneinstrahlung und keine nennenswerte Wärmeabstrahlung von benachbarten Maschinen. Um die Einflüsse der Umgebungsänderungen zu betrachten, wird zunächst eine Untersuchung unter den üblichen Umgebungsbedingungen der Halle durchgeführt. Zwei Untersuchungsreihen werden jeweils über drei Tage durchgeführt. Während dieser Zeit betragen die Schwankungen der Umgebungstemperatur, wie bei den anderen Untersuchungsreihen für die internen Belastungen (s. Tabelle 6.1 und Tabelle 6.2), weniger als ±1°C. Der Messprozess für die thermo-elastischen Abweichungen erfolgt alle zwei Stunden über dem gesamten Untersuchungszeitraum. Zwischen den Messungen steht die Maschine still.

In Bild 6.4 sind die maximalen thermo-elastischen Abweichungen über die beiden Untersuchungsreihen dargestellt. Bei den Bewegungsabweichungen wird die Differenz zwischen der größten und der kleinsten Abweichung über den gesamten Verfahrweg der Achse berücksichtigt. Die translatorischen Abweichungen schwanken unter 5 µm. Die rotatorischen Abweichungen bleiben mit Ausnahme der zwei Rechtwinkligkeitsabweichungen und der Abweichung EAA meist unter 5 µrad. Die meisten Abweichungen liegen unterhalb ihrer Messunsicherheit. Die gemessenen thermo-elastischen Abweichungen unter den vorliegenden Umgebungsbedingungen sind somit klein. Hierbei können die Umgebungseinflüsse bei den weiteren Untersuchungsreihen mit internen Belastungen in diesem Kapitel (Tabelle 6.1 und Tabelle 6.2) jedoch noch geringer sein, da diese jeweils kürzer sind bzw. maximal einen Tag nicht überschreiten.

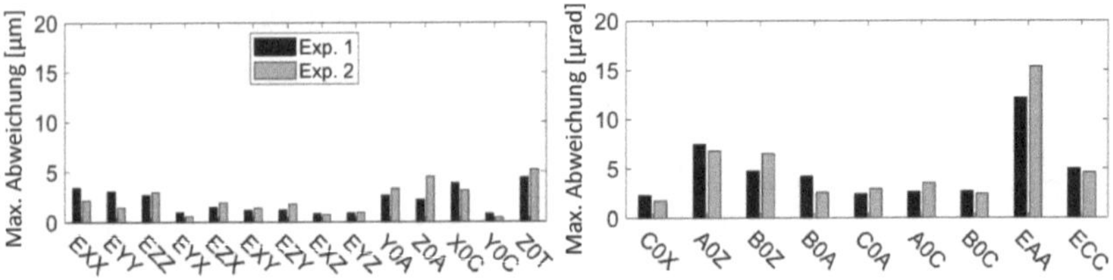

Bild 6.4: Maximale Änderungen der einzelnen Abweichungen bei zwei Untersuchungsreihen unter üblichen Umgebungsbedingungen

Maximum changes of the individual errors in two test series under usual environmental conditions

Um das thermo-elastische Verhalten der Maschine gezielt für die jeweilige Bewegungsart zu untersuchen, werden zunächst die Untersuchungsreihen gemäß Tabelle 6.1 festgelegt. Die Belastung erfolgt hierbei durch die Bewegung der einzelnen Achsen über die gesamte Belastungsphase. Es werden drei verschiedene Geschwindigkeiten für Linearachsen und zwei für Rotationsachsen definiert, um die Unterschiede gezielt zu betrachten. Die höchste Geschwindigkeit beträgt jeweils ca. 50 % der maximal zulässigen Geschwindigkeit der entsprechenden Achse mit Ausnahme der Z-Achse. Eine Voruntersuchung hat ergeben, dass bei der Demonstratormaschine während der Bewegung der Z-Achse relativ viel Wärme am KGT entsteht, wodurch die Temperatur sehr schnell und hoch ansteigt. Aus Sicherheitsgründen werden daher langsamere Geschwindigkeiten für die Z-Achse verwendet. Der Effekt dieser Erwärmung der Z-Achse wird aus den Ergebnissen der entsprechenden Untersuchungsreihen ersichtlich.

Tabelle 6.1: Untersuchungsreihen für die Analyse des thermo-elastischen Verhaltens (Einzelachsbelastungen)

Test series for the analysis of thermo-elastic behaviour (single axis loads)

	Name	Achse	Vorschub	Belastungsbewegung
Linearachse	X1	X	7500 mm / Min.	Gesamten Verfahrweg hin und zurück
	X2		15000 mm / Min.	Gesamten Verfahrweg hin und zurück
	X3		22500 mm / Min.	Gesamten Verfahrweg hin und zurück
	Y1	Y	7500 mm / Min.	Gesamten Verfahrweg hin und zurück
	Y2		15000 mm / Min.	Gesamten Verfahrweg hin und zurück
	Y3		22500 mm / Min.	Gesamten Verfahrweg hin und zurück
	Z1	Z	2250 mm / Min.	Gesamten Verfahrweg hin und zurück
	Z2		4500 mm / Min.	Gesamten Verfahrweg hin und zurück
	Z3		6750 mm / Min.	Gesamten Verfahrweg hin und zurück
Rotationsachse	A1	A	60° / Sek.	Von -90° zu 90° hin und zurück
	A2		120° / Sek	Von -90° zu 90° hin und zurück
	C1	C	60° / Sek.	Von 0° zu 360° hin und zurück
	C2		120° / Sek	Von 0° zu 360° hin und zurück

6.2.1 Thermo-elastisches Verhalten durch Belastungen von Linearachsen

Thermo-elastic behaviour due to linear axes loads

Im Folgenden werden die Ergebnisse der gemessenen Abweichungen über der einzelnen Untersuchungsreihen dargestellt. Hierbei werden die Ergebnisse der Untersuchungsreihen nach der jeweiligen Belastungsachse gruppiert analysiert. Zunächst wird die maximale Veränderung der einzelnen Abweichungen dargestellt. Danach folgen die zeitlichen Verläufe der Abweichungen sowie der Temperaturmessungen, die bei den Untersuchungsreihen von besonderer Bedeutung sind. Zur Trennung bzw. übersichtlichen Darstellung der unterschiedlichen Untersuchungsreihen sind in den jeweiligen Grafiken Leerstellen zwischen den Untersuchungsreihen eingefügt. Die Positionierabweichungen der Rotationsachsen EAA und ECC sowie die Abweichung des Tisches werden bei der Analyse der Linearachsbelastungen nicht berücksichtigt.

Die Ergebnisse der X-Untersuchungsreihen sind in Bild 6.5 dargestellt. Bei den translatorischen Abweichungen fällt zunächst auf, dass die Positionierabweichung EXX sowie die Lageabweichungen Y0A und X0C relativ stark ändern. Die Steigung EXX über den Achsverfahrweg nimmt mit der Belastungsdauer zu und während der Abkühlung wieder ab. Dabei nimmt die Steigung mit zunehmender Geschwindigkeit ebenfalls stärker zu, so dass die Abweichung nach der vierstündigen Belastungsphase auf maximal 20 µm über dem gemessenen Verfahrweg ansteigt. Dieses Verhalten kann auf die Erwärmung des Querbalkens durch die Bewegung der X-Achse und die damit verbundene Ausdehnung des Strukturelements zurückgeführt werden. Die maximale Temperaturänderung des Querbalkens über einer Untersuchungsreihe beträgt ca. 8 °C bei der höchsten Geschwindigkeit.

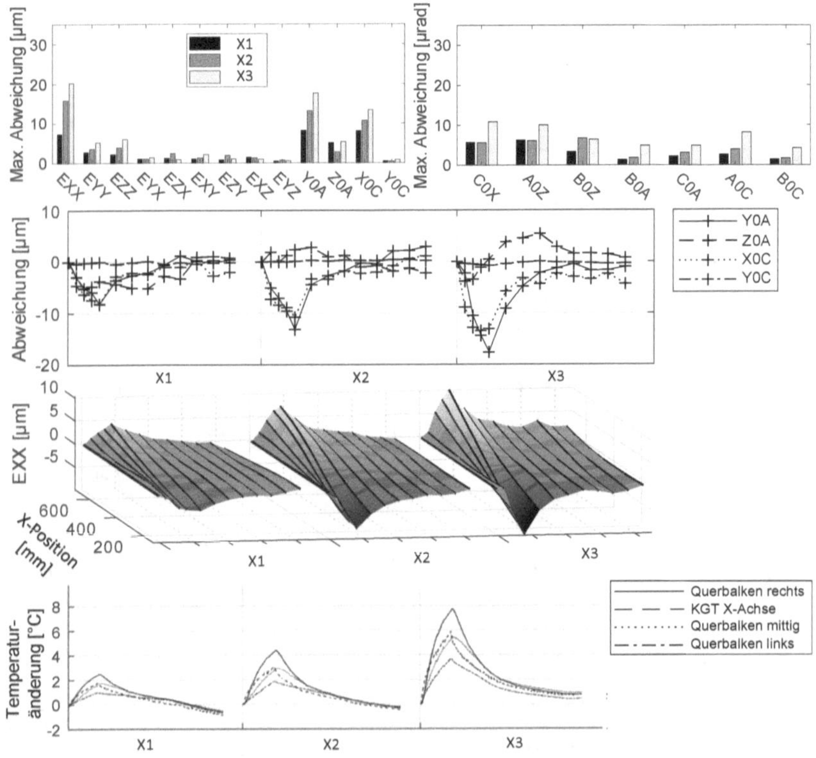

Bild 6.5: Verhalten der einzelnen Abweichungen bei den X-Untersuchungsreihen

Behaviour of the individual errors in the X test series

Die Größen der beiden Abweichungen Y0A und X0C nehmen ebenfalls mit den Belastungen zu und mit den Abkühlungen ab. Bei der höchsten Geschwindigkeit erreichen die Abweichungen am niedrigsten Punkt jeweils ca. -18 µm und -15 µm. Dieses Verhalten kann durch die Verschiebung der Referenzposition bzw. des Maßstabes erklärt werden. Da sich die Nullposition des Maßstabs der X-Achse auf der linken Seite der Maschine befindet, verschiebt sich diese durch die Ausdehnung der Strukturelemente, die in X0C gemessen werden. Die Ausdehnung des Querbalkens in Y-Richtung führt ebenfalls zu einer Änderung von Y0A. Die Orientierungsabweichungen ändern sich nur geringfügig und zeigen keine große Änderung in Bezug auf die Messunsicherheit. Die Geradheitsabweichungen zeigen weder eine signifikante Änderung noch einen Trend. Bei allen Abweichungen ist deutlich zu erkennen, dass sie nach der Abkühlung fast wieder den Ausgangszustand erreichen.

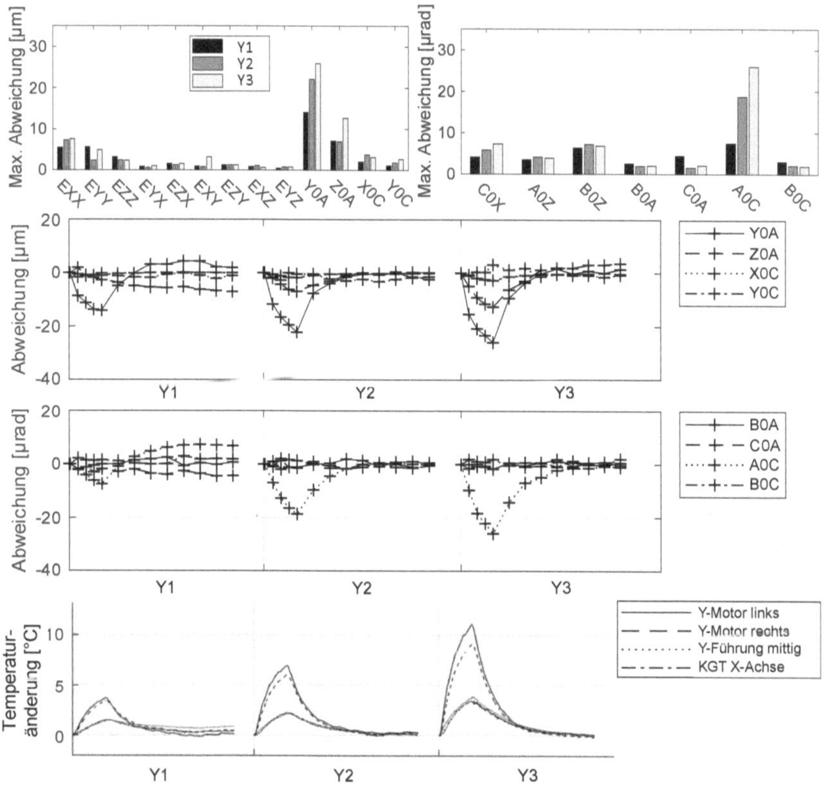

Bild 6.6: Verhalten der einzelnen Abweichungen bei den Y-Untersuchungsreihen

Behaviour of the individual errors in the Y test series

Bei der Untersuchungsreihen der Y-Achse (s. Bild 6.6) sind die Abweichungen Y0A sowie A0C besonders zu beachten. Diese Abweichungen ändern sich bei der höchsten

Geschwindigkeit um ca. 25 µm bzw. 25 µrad. Dieses Verhalten kann durch den Temperaturgradient entlang der Y-Achse erklärt werden. Die Temperatur der Motoren, die jeweils links und rechts auf der hinteren Seite der Achse positioniert sind, steigt mit der Belastung um mehr als 10 °C an. Im Gegensatz dazu ist die Temperatur der Strukturelemente, wie z.B. der Y-Führung in der Mitte, relativ niedrig. Dadurch erwärmen sich die Seiten des Maschinenbetts unsymmetrisch. Dieses Phänomen kann zu einer unsymmetrischen Aufhebung der Y-Achse in Z-Richtung führen und damit zu einer Verschiebung der Orientierung der Y-Achse, gemessen in A0C, und ihrer Position, gemessen in Z0A. Ebenso verschiebt sich die relative Lage der Y-Achse zur A-Achse (Y0A). Die Positionierabweichung EYY ändert sich dagegen nicht wesentlich, da sich der Maßstab in Y-Richtung offensichtlich nur geringfügig ausdehnt. In der Abkühlphase der Untersuchungsreihe Y1 werden einige Abweichungen wie A0C und Y0A stark abgekühlt, so dass sie sich über den Referenzzustand hinaus in die entgegengesetzte Richtung verändern.

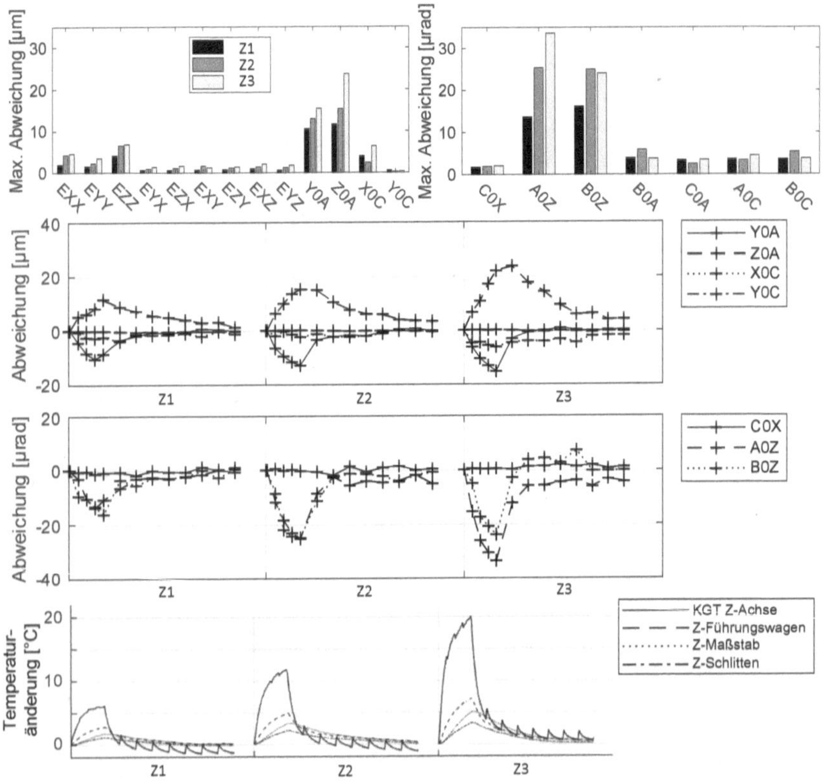

Bild 6.7: Verhalten der einzelnen Abweichungen bei den Z-Untersuchungsreihen

Behaviour of the individual errors in the Z test series

Die Ergebnisse der Z-Untersuchungsreihen sind in Bild 6.7 dargestellt. Trotz der geringen Geschwindigkeit sind die maximalen Abweichungen verglichen mit den Belastungen der anderen Linearachsen größer. Die Temperaturänderung des KGT der Z-Achse zeigt bei der höchsten Geschwindigkeit Änderungen von bis zu 20 °C, was die Ursache für die großen Abweichungen sein kann. Bei den Abweichungen sind Z0A, Y0A sowie A0Z und B0Z ausschlaggebend. Z0A und Y0A weichen bei der höchsten Geschwindigkeit um ca. 25 µm bzw. 15 µm ab. Ursache hierfür ist offensichtlich die durch die Erwärmung bedingte Verschiebung der Nullposition der Z-Achse. Da die Nullposition der Z-Achse im oberen Bereich des Z-Schiebers liegt, der Arbeits- bzw. Messbereich jedoch eher im unteren Bereich der Achse liegt, ist die Längenausdehnung des Z-Schlittens meist als Z0A zu erkennen. Die Änderung von EZZ ist hier kleiner als z.B. EXX bei der X-Belastung, da auch der Messbereich der Z-Achse deutlich kleiner ist als bei der X-Achse. Die Rechtwinkligkeitsabweichungen A0Z und B0Z steigen ebenfalls über 25 µrad an. Dies kann auf den unsymmetrischen Aufbau der Z-Achse zurückgeführt werden. Die beiden KGT der Maschine sind rechts vorne bzw. links hinten am Z-Schlitten angeordnet. Die KGTs erzeugen viel Wärme, so dass sich der Schlitten dadurch einseitig durchbiegt.

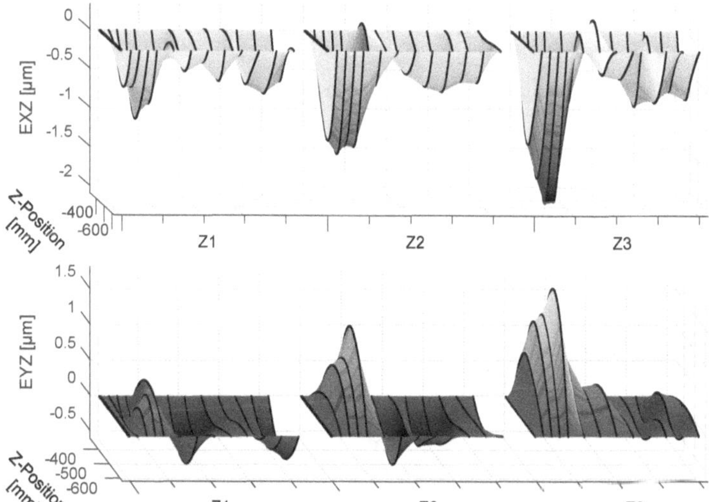

Bild 6.8: Verlauf der Geradheitsabweichungen der Z-Achse bei den Z-Untersuchungsreihen

Change of the straightness errors of the Z-axis in the Z test series

Die anderen Abweichungen zeigen keine großen Veränderungen bzw. keinen eindeutigen Trend, mit Ausnahme der Geradheitsabweichung der Z-Achse wie in Bild 6.8. Es ist zu erkennen, dass sich die Z-Achse aufgrund der Erwärmung des Z-Schiebers durchbiegt. Die Abweichungen sind zwar sehr gering und nicht wesentlich größer als die Messunsicherheit (vgl. Kapitel 5.4.5). Dennoch zeigt der Trend, dass die Durchbiegung mit zunehmender Belastung zu und über der Abkühlung wieder abnimmt. Mit zunehmender Geschwindigkeit nimmt auch die Durchbiegung zu.

6.2.2 Thermo-elastisches Verhalten durch Belastungen von Rotationsachsen

Thermo-elastic behaviour due to rotary axes loads

Anschließend werden die thermo-elastischen Abweichungen bei den Untersuchungsreihen der Rotationsachsen dargestellt. Hierbei werden die Positionierabweichungen der Rotationsachsen EAA und ECC sowie die Abweichung des Tisches Z0T berücksichtigt.

Die Ergebnisse der A-Untersuchungsreihen sind in Bild 6.9 dargestellt. Hier ist zunächst deutlich zu erkennen, dass die Bewegungsabweichungen der Linearachsen naturgemäß sehr klein sind, da die Linearachsen nur während des R-Tests bewegt und somit nur gering belastet werden.

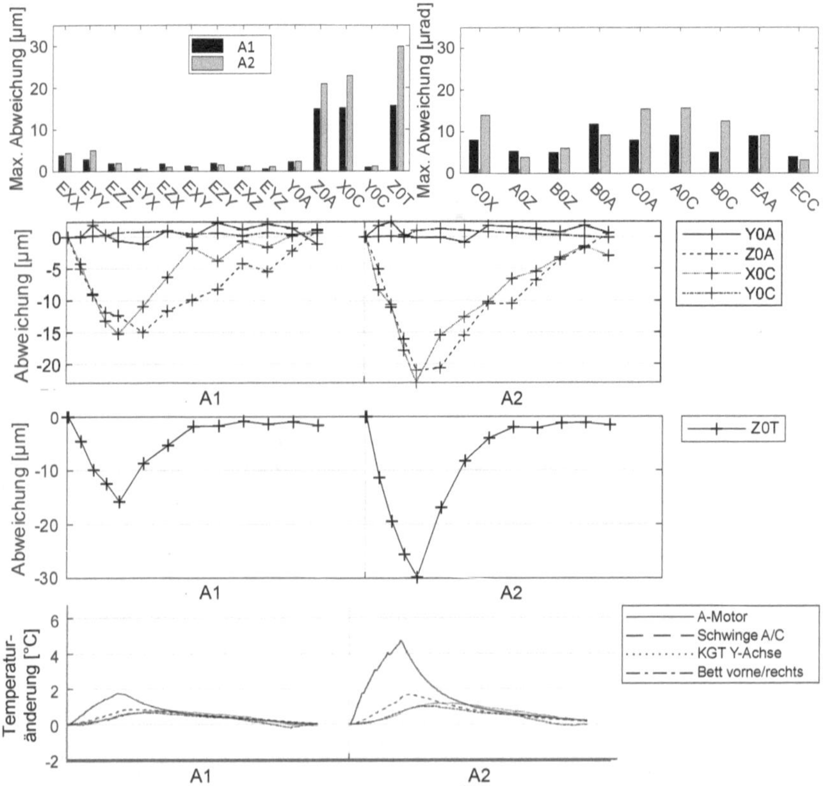

Bild 6.9: Verhalten der einzelnen Abweichungen bei den A-Untersuchungsreihen

Behaviour of the individual errors in the A test series

Bei den translatorischen Abweichungen zeigen Z0A, X0C sowie Z0T große Veränderungen. Die Z0A nimmt mit der Belastung ab, da sich die seitlich am Maschinenbett angeordneten Motoren durch die Belastung erwärmen und die Verschiebung in Z-Richtung verursachen. Auch X0C verringert sich trotz des symmetrischen Aufbaus in X-Richtung. Die Abweichung Z0T sinkt bei den Belastungen sehr stark bis auf 30 µm ab. Die A-Achse bzw. die Schwinge, die seitlich am Maschinenbett befestigt ist, verschiebt sich mit den Belastungen offensichtlich in die negative Z-Richtung. Die Orientierungsabweichungen C0X, C0A, A0C sowie B0C ändern sich geringfügig mit der Belastung, was vermutlich auf die unsymmetrische Erwärmung zurückzuführen ist. Die rotatorischen Positionierabweichungen zeigen ebenfalls keine nennenswerten Änderungen über die geschätzten Messunsicherheiten hinaus.

Bei den Ergebnissen der C-Untersuchungsreihen (s. Bild 6.10) fällt zunächst auf, dass sich die Abweichungen im Allgemeinen nicht wesentlich ändern. Die translatorischen Abweichungen zeigen mit Ausnahme von Z0T keine auffälligen Veränderungen. Z0T steigt mit der Belastung bis auf ca. 17 µm an, da sich der Tisch offensichtlich durch die Erwärmung der C-Achse aufhebt. Die Winkelabweichungen einschließlich der Positionierabweichungen zeigen ebenfalls keine großen Veränderungen, die mit der Erwärmung der Achse korrelieren und deutlich über der Messunsicherheit liegen. Die Positionierabweichung EAA scheint sich zunächst vergleichsweise stark zu ändern. Im Vergleich zur großen Messunsicherheit von EAA ist die Änderung jedoch ebenfalls klein (s. Bild 5.16).

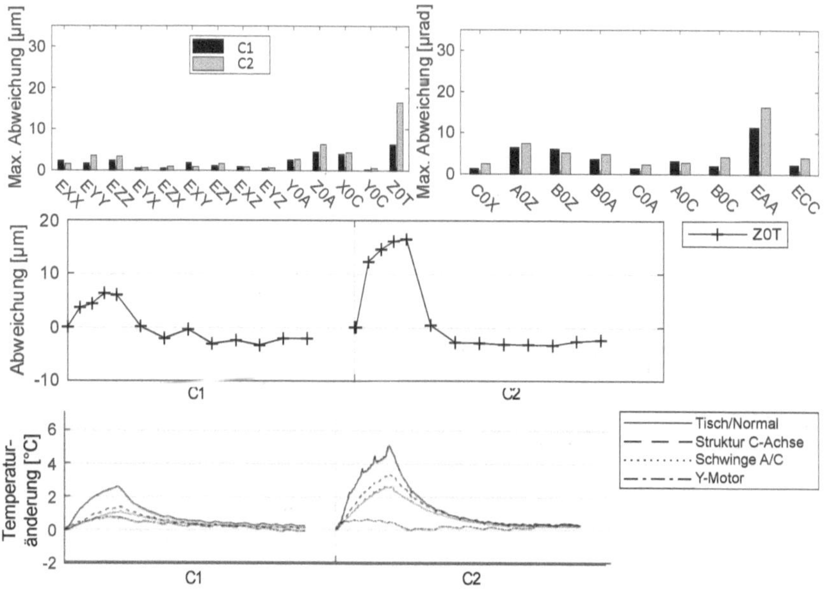

Bild 6.10: Verhalten der einzelnen Abweichungen bei den C-Untersuchungsreihen

Behaviour of the individual errors in the C test series

6.2.3 Analyse der steuerungsinternen Daten

Analysis of the control data

In den folgenden Abbildungen (Bild 6.11) sind die aufgezeichneten und interpolierten (1 Minute) Motorströme sowie die Geschwindigkeiten am Beispiel der X-Achse der Untersuchungsreihen X1 und X2 dargestellt.

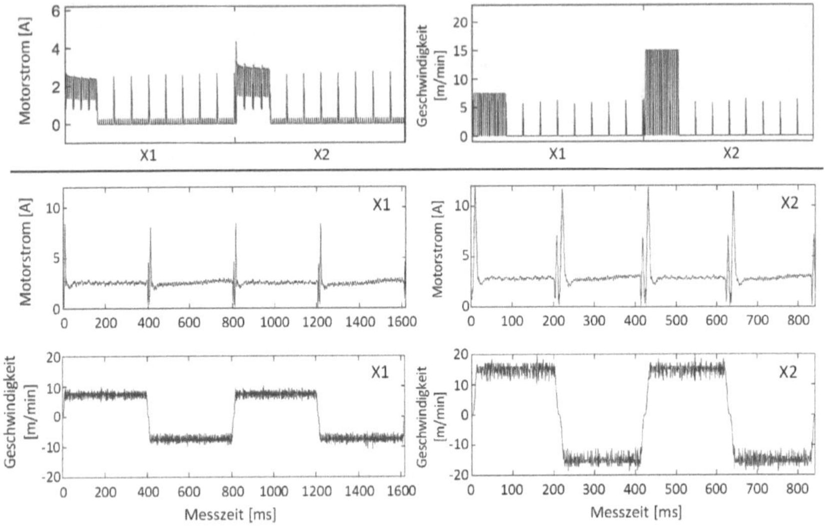

Bild 6.11: Verhalten des Motorstroms sowie Geschwindigkeiten bei den X-Untersuchungsreihen (X1 und X2) und nähere Aufnahmen während zwei Hin- und Zurück-Bewegungen der Achse

Behaviour of the motor current and speed during the X test series (X1 and X2) and closer views during two forward and backward movements of the axis

Zunächst ist festzustellen, dass sowohl der Strom als auch die Geschwindigkeit aufgrund des periodisch durchgeführten dynamischen R-Tests auch während der Abkühlphase nicht kontinuierlich auf Null bleiben. Es wird auch deutlich, dass der Motorstrom keinen linearen Zusammenhang bezüglich der Geschwindigkeit aufweist. Der mittlere Strom steigt nur geringfügig an, obwohl sich die Geschwindigkeit verdoppelt. Um dies genauer zu analysieren, sind die Rohdaten der Signale der beiden Untersuchungsreihen während zweier Hin- und Zurück-Bewegungen der X-Achse dargestellt (zwei untere Abbildungen in Bild 6.11). Während der Beschleunigungsphasen sowie der Richtungswechsel wird durch die Verdoppelung der Geschwindigkeit etwa der 1,5-fache Motorstrom aufgenommen. Diese Phasen sind im Vergleich zu den Phasen konstanter Geschwindigkeit sehr kurz, da die Zielgeschwindigkeit schnell erreicht wird. Während der konstanten Phase unterscheiden sich die Motorströme trotz der unterschiedlichen Geschwindigkeiten nur geringfügig. Dieses Verhalten ist auf die Stribeck-Kurve der Wälzführungen zurückzuführen [BREC17a]. Die Verlustleistung durch die Reibung nimmt im Verhältnis zur Geschwindigkeitserhöhung nur geringfügig zu. Dadurch steigt der Motorstrom trotz höherer Geschwindigkeit nur mäßig an. Im Gegensatz dazu zeigen die thermo-elastischen Abweichungen, die die signifikanten Änderungen bei den Untersuchungsreihen aufweisen, eher ein proportionales Verhalten zu den Geschwindigkeiten.

6.2.4 Zwischenfazit

Interim conclusion

Der im vorherigen Kapitel validierte Messprozess des dynamischen R-Tests wurde zur Untersuchung des thermo-elastischen Verhaltens der Demonstratormaschine verwendet. Dazu wurden verschiedene Untersuchungsreihen durchgeführt, bei denen die einzelnen Achsen mit konstanter Geschwindigkeit belastet und anschließend abgekühlt wurden. Um die Einflüsse quantitativ analysieren zu können, wurden die Untersuchungsreihen mit drei bzw. zwei unterschiedlichen Geschwindigkeiten der Achse wiederholt. Dabei wurden die einzelnen Abweichungen sowie die Temperatur der relevanten Strukturbauteile aufgezeichnet.

In Bild 6.12 sind die maximalen Änderungen der einzelnen Abweichungen in Abhängigkeit der Belastungsachse dargestellt. Dabei treten die maximalen Änderungen primär bei den Untersuchungsreihen mit den höchsten Geschwindigkeiten auf. Insgesamt lassen sich folgende Aussagen ableiten:

- Die Lage- und Orientierungsabweichungen werden von den meisten Belastungen beeinflusst. Insbesondere die Lageabweichungen der Rotationsachsen zeigen bei allen Belastungen große Änderungen, da diese mit der Verschiebung der Nullpositionen aller Achsen zusammenhängen. Hier ist auch zu beachten, dass die Lageabweichungen potentiell einen doppelten Einfluss auf das Werkstück haben können (Einfluss auf den TCP bei der Umschlagmessung).
- Die Geradheitsabweichungen zeigen kleine Änderungen (< 5 µm). Die gemessenen Abweichungen liegen aufgrund der Messunsicherheit überwiegend unterhalb der messbaren Größen.
- Die Rechtwinkligkeitsabweichungen der Z-Achse zeigen große Änderungen in Abhängigkeit der Belastung der Z-Achse. Dieses Verhalten kann auf den unsymmetrischen Aufbau der entsprechenden Achse zurückgeführt werden.
- Die Positionierabweichungen der Linearachsen werden hauptsächlich von der Belastung der jeweiligen Achse beeinflusst.
- Bei Belastungen der Rotationsachsen werden vor allem die Tischabweichung (Z0T) sowie die Lage- und Orientierungsabweichungen der Rotationsachsen beeinflusst.
- Die Temperaturdaten bzw. die Achsbelastungen zeigen einen direkten Zusammenhang mit den Abweichungen, die sich primär verändert haben. Dabei zeigt die Geschwindigkeit eine größere Korrelation als der Motorstrom.

Die Ergebnisse der thermischen Untersuchungen (Bild 6.12) zeigen, welche Abweichungen signifikant sind. Auf dieser Basis kann im nächsten Kapitel entschieden werden, welche Abweichungen der Demonstratormaschine modelliert werden sollen. Mit den erfassten Datensätzen wird das Vorhersagemodell parametriert.

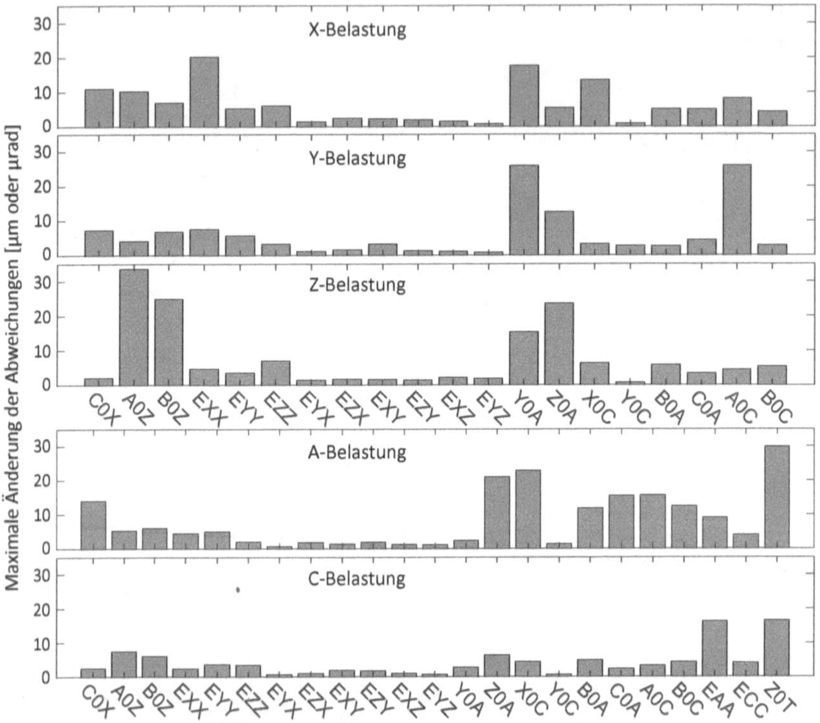

Bild 6.12: Maximale Änderung der Abweichungen während der durchgeführten Untersuchungen (Einzelachsbelastungen)

Maximum change in errors during the test series (single axis loads)

6.3 Modellierung des thermo-elastischen Verhaltens

Modelling of thermo-elastic behaviour

Auf der Grundlage der in Kapitel 6.2 gesammelten Daten wird das Modell zur Vorhersage des thermo-elastischen Verhaltens parametriert. Für die Modellierung (Training) werden die Untersuchungsreihen aus dem vorherigen Kapitel verwendet. Hierbei werden nur die fünf Untersuchungsreihen der Einzelachsen mit den höchsten Verfahrgeschwindigkeiten berücksichtigt. Wennemer zeigte bereits in [WENN18], dass die Modellierung mit der höchsten Verfahrgeschwindigkeit am stabilsten funktioniert. Im Vergleich zu den anderen Datensätzen mit geringeren Belastungen erhöht dieser Ansatz die Genauigkeit der Modellierung, da die gemessenen Abweichungen bei den höchsten Geschwindigkeiten am größten sind und das Verhältnis der Messunsicherheit (Kapitel 5.4) zu den Abweichungen am kleinsten ist. Dies ist unter anderem deshalb von Bedeutung, weil die gemessenen Abweichungen teilweise sehr klein sind. Das PT1-Modell in Kapitel 4.2 soll das Verhalten der Abweichungen basierend auf den aktuellen Abweichungsgrößen, Temperatur- und Geschwindigkeitsdaten der relevanten Achsen modellieren. Aufgrund der Ergebnisse in Kapitel 6.2.3 wird wie in [WENN18] die Geschwindigkeit (Drehzahl des Motors) und die Temperaturdaten zur Modellierung des thermo-elastischen Verhaltens verwendet. Die Gruppierung und Auswahl der relevanten Sensordaten erfolgen durch die in Kapitel 4.3 beschriebene Methode. Mit Hilfe der Strukturbetrachtung werden zunächst die Temperatursensoren gruppiert und für die einzelnen Abweichungen ausgewählt. Beispielsweise wird die Orientierungsabweichung A0C hauptsächlich von der A-Achse und der Y-Achse beeinflusst (s. Kapitel 6.2.1 und 6.2.2). Daher werden für die Modellierung dieser Abweichung zunächst die Temperatursensorgruppen der beiden Achsen vorausgewählt. Anschließend wird eine Sensorkombination aus jeweils einem Sensor pro vorausgewählter Gruppe ausgewählt, die bei der Brute-Force-Sensorauswahl (s. Kapitel 4.3.2) das beste Näherungsergebnis aufweist. Die PT1-Modellierung der Abweichung A0C erfolgt somit mit den Temperaturdaten der ausgewählten Sensoren und den Geschwindigkeitsdaten der beiden Achsen. Die Lageabweichungen X0C, Y0A und Z0A beinhalten die Nullpositionsverschiebungen aller Achsen und werden somit von mehreren Achsen beeinflusst. Daher werden für die Modellierung dieser Abweichungen die Sensorgruppen und die Geschwindigkeitsdaten mehrerer Achsen entsprechend berücksichtigt. Die Bewegungsabweichungen werden strukturell primär von der zugehörigen Achse beeinflusst. Dieses Verhalten ist unter anderem bei den Positionierabweichungen der Linearachsen EXX und EZZ zu beobachten (s. Kapitel 6.2.1). Daher werden für die Modellierung der Bewegungsabweichungen die Geschwindigkeits- und Temperaturdaten der zugehörigen Achse berücksichtigt. Die Koeffizienten der PT1-Modellierung werden im Anschluss mit der Levenberg-Marquardt-Methode berechnet (s. Kapitel 4.3.1).

Basierend auf den Ergebnissen des vorhergehenden Kapitels werden folgende Abweichungen (Modellstufe 7) modelliert:

- Vier Lageabweichungen der Rotationsachsen sowie eine Abweichung des Tisches (Z0T)
- Vier Orientierungsabweichungen der Rotationsachsen
- Drei Rechtwinkligkeitsabweichungen der Linearachsen
- Drei Positionierabweichungen der Linearachsen

Die übrigen Abweichungen werden für die Modellierung zunächst nicht verwendet, da sie teilweise klein bzw. im Vergleich zu den Messunsicherheiten relativ klein sind.

Methode zur Validierung

Die Validierung des Modells erfolgt in zwei Schritten:

- Analyse der Vorhersagequalität für alle Einzelachsuntersuchungsreihen (Tabelle 6.1)
- Analyse der Vorhersagequalität für die unabhängigen Untersuchungsreihen mit kombinierten Achsbewegungen (Tabelle 6.2)

Die erste Analyse validiert, wie gut das Modell, das mit der höchsten Geschwindigkeit parametriert wurde, die Einzelachsbelastungen der verschiedenen Geschwindigkeiten vorhersagen kann. In der zweiten Analyse werden zusätzlich die kombinierten Achsbelastungen betrachtet. Dazu werden neue Datensätze generiert, bei denen innerhalb einer Untersuchungsreihe verschiedene Achsen kombiniert oder teilweise auch einzeln belastet werden und verschiedene Geschwindigkeiten sowie verschiedene Bereiche der Achsbewegungen berücksichtigt werden. Diese Untersuchungsreihen bestehen ebenfalls aus Belastungsphasen (4-6 Stunden) und Abkühlphasen (12-16 Stunden) sowie den Messprozessen der Abweichungen, wie in Bild 6.1 dargestellt.

Zur Analyse der Vorhersagequalität werden zwei Methoden eingesetzt. Zunächst werden die gemessenen Abweichungen mit den vorhergesagten Abweichungen verglichen. Da dieser Vergleich jedoch keinen direkten Bezug zur Genauigkeit der Maschine, d.h. der TCP-Verlagerung, darstellt, werden anschließend die 3D-Validierung und die R-Test-Validierung verwendet. Im Unterschied zum Kapitel 5.4.3 werden für die 3D-Validierung die dreidimensionalen TCP-Verlagerungen am Längennormal verwendet, die für die Längenmessungen des Messprozesses (s. Kapitel 5.2 sowie Bild 5.1) aufgenommen wurden. Da die wahren thermo-elastischen Abweichungen nicht bekannt sind, kann die TCP-Verlagerung an den Positionen in Bild 5.12 nicht berechnet werden. Für die R-Test-Validierung wird daher die R-Test-Messung verwendet, die für die Messung der thermo-elastischen Abweichungen eingesetzt wurde. Dadurch kann das Verbesserungspotential der räumlichen Maschinengenauigkeit aufgezeigt werden.

Zusammenfassend erfolgt die Parametrierung (Training) des thermo-elastischen Modells mit den fünf Untersuchungsreihen der Einzelachsen, die die höchsten Verfahrgeschwindigkeiten (X3, Y3, Z3, A2 und C2 in Tabelle 6.1) aufweisen. Die Validierung (Test) erfolgt mit den 13 Untersuchungsreihen der Einzelachsbelastungen in Tabelle 6.1 sowie den 12 Untersuchungsreihen der kombinierten Belastungen der Achsen in Tabelle 6.2. Insgesamt werden also 25 Untersuchungsreihen für die Validierung verwendet. 20 davon sind unabhängig von den fünf Parametrierungsdatensätzen.

Tabelle 6.2: Untersuchungsreihen für die Validierung des thermo-elastischen Modellierung (Kombinierte Belastungen der Achsen)

Test series for the validation of the thermo-elastic modeling (combined loads)

	Name	Belastungsbewegung
Linearachse	CP1	Alle Linearachsen bewegen sich gleichzeitig für den gesamten Verfahrweg
	CP2	Achsen bewegen sich einzeln (eine Stunde je Achse) für den gesamten Verfahrweg
	CP3	Eine, zwei oder alle Achsen bewegen sich gleichzeitig (eine Stunde je eine Kombination) für den gesamten Verfahrweg
	CP4	Unterschiedliche Kombination der Achsen unter Variation des Arbeitsraums sowie der Geschwindigkeiten
	CP5	Unterschiedliche Kombination der Achsen (eine Stunde je eine Kombination) für die Hälfte des jeweiligen Achsverfahrwegs
Rotationsachse	CP6	Beide Rotationsachsen bewegen sich gleichzeitig für den gesamten Verfahrweg (niedrige Geschwindigkeit)
	CP7	Beide Rotationsachsen bewegen sich gleichzeitig für den gesamten Verfahrweg (hohe Geschwindigkeit)
	CP8	Achsen bewegen sich einzeln (eine Stunde je Achse) für den gesamten Verfahrweg
	CP9	Unterschiedliche Kombination der Achsen (eine Stunde je eine Kombination) unter Variation der Geschwindigkeit
	CP10	Unterschiedliche Kombination der Achsen (eine Stunde je eine Kombination) für die Hälfte des jeweiligen Achsverfahrwegs
Alle Achsen	CP11	Einzelner Achse, je Achse eine Stunde (X, Y, Z, A, C sukzessiv) mit der mittleren Geschwindigkeit
	CP12	Unterschiedliche Kombination aller Achsen mit unterschiedlichen Geschwindigkeiten

6.3.1 Analyse unter Einzelachsbelastungen

Analysis under single axis loads

Zunächst werden die Validierungsergebnisse für die Einzelachsbelastungen dargestellt. Bild 6.13 zeigt die Ergebnisse der gemessenen Abweichungen ohne Modellierung und die Residuen mit Modellierung (gemessene Abweichungen – vorhergesagte Abweichungen) für alle Einzelachsuntersuchungsreihen der Linearachsen. Die gemessenen Abweichungen ohne Modellierung betragen maximal 20 µm für die Positionierabweichungen der Linearachsen, 25 µm für die Lageabweichungen sowie 33 µm für die Rechtwinkligkeitsabweichungen und 25 µrad für die Orientierungsabweichungen.

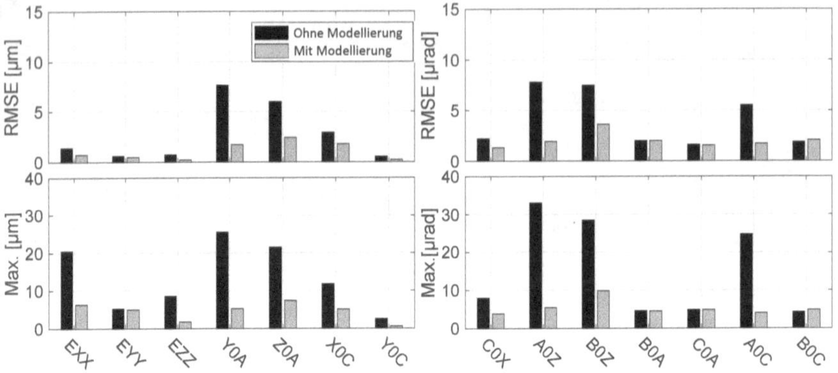

Bild 6.13: Thermo-elastische Abweichungen ohne und mit Modellierung für alle Einzelachsuntersuchungsreihen der Linearachsen

Thermo-elastic errors without and with modelling for all single axis test series of the linear axes

Durch die Modellierung verbleiben maximal 7 µm für die translatorischen Abweichungen und 10 µrad für die rotatorischen Abweichungen. Die RMSE-Werte nehmen durch die Modellierung ebenfalls stark ab. Die Abweichungen wie EYY oder B0A verbessern sich durch die Modellierung nicht, da diese Abweichungen zunächst klein sind und vor allem keine signifikanten Änderungen in Bezug auf die Messunsicherheit aufweisen. Insgesamt verbessern sich die Abweichungen, deren maximale Änderungen größer als 5 µm bzw. 5 µrad sind, um 50-70 % im RMSE und 60-80 % im Maximum. Bild 10.3 im Anhang zeigt auch die Verbesserungen der einzelnen Abweichungen über die Zeit im Verlauf der gesamten Untersuchungsreihe. Durch die Modellierung werden vor allem die großen Abweichungen vermieden. Abweichungen wie Z0A und B0Z haben größere Residuen als die anderen Abweichungen. Da vor allem die Lageabweichungen für alle Nullpositionsverschiebungen der Linearachsen relevant sind, können diese durch verschiedene Strukturkomponenten beeinflusst werden. Sie sind daher schwer zu modellieren bzw. erfordern einen höheren Modellierungsaufwand (Datensätze/Sensoren). Die Positionierabweichungen verbessern sich über den gesamten Verfahrweg, so dass sich auch die maximalen und minimalen Abweichungen betragsmäßig verringern.

Analog dazu sind die Ergebnisse für die Belastungen der einzelnen Rotationsachsen in Bild 6.14 dargestellt. Auch hier ist zu erkennen, dass die primären Abweichungen (> 5 µm, 5 µrad) nach der Vorhersage (mit Modellierung) 5 µm / 5 µrad nicht oder nur geringfügig überschreiten. Insbesondere bei den großen Abweichungen beträgt die Reduktion bis zu 85 %, so dass eine deutliche Verbesserung des Maschinenverhaltens zu erkennen ist. Bei der Auswertung des RMSE zeigt sich ein ähnlicher Trend. Die meisten Abweichungen erreichen eine deutliche Verbesserung durch die Modellierung. Die Positionierbweichungen der Linearachsen sind dagegen bereits klein, sodass deren Modellierung zu keiner signifikanten Verbesserung führt. In Bild 10.4 sind die Abweichungen ohne und mit Modellierung im Verlauf der gesamten Untersuchungsreihen dargestellt. Es fällt auf, dass die Lageabweichungen Z0A, X0C sowie A0C bei der Untersuchungsreihe A1 etwas größere Residuen aufweisen als bei A2. Dies kann darauf zurückgeführt werden, dass die Lageabweichungen, wie bereits oben erwähnt, von vielen Komponenten beeinflusst werden und daher schwer zu modellieren sind bzw. der Zusammenhang zwischen Belastungen und Abweichungen nicht eindeutig linear ist.

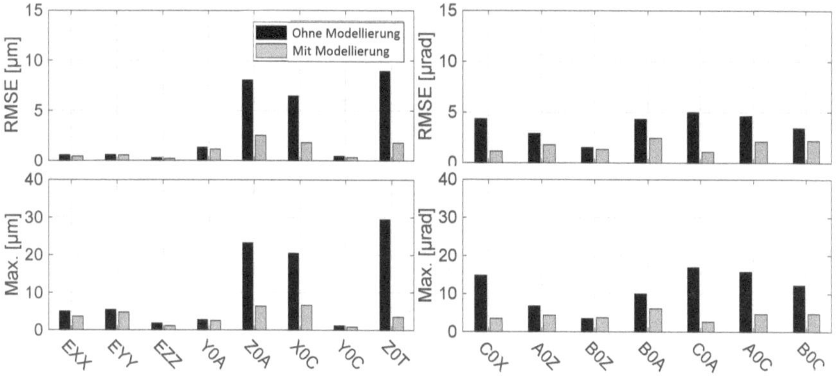

Bild 6.14: Thermo-elastische Abweichungen ohne und mit Modellierung für alle Einzelachsuntersuchungsreihen der Rotationsachsen

Thermo-elastic errors without and with modelling for all single axis test series of the rotary axes

Die Verbesserung der volumetrischen Genauigkeit der Maschine ist in Bild 6.15 dargestellt. Die maximale Verlagerung am TCP über die gesamten Untersuchungsreihen der Linearachsen beträgt ca. 35 µm (ohne Modellierung), wobei das maximale Residuum mit Modellierung knapp über 10 µm liegt. In den Abkühlphasen liegen die Residuen in ähnlicher Größenordnung bzw. an wenigen Stellen knapp über den gemessenen Verlagerungen, jedoch unter 10 µm. Bei den Untersuchungen wird deutlich, dass, wie bereits im vorherigen Kapitel beschrieben, die Maschine z.B. aufgrund der ständig durchgeführten Messbewegungen nicht vollständig abgekühlt werden kann und der Referenz- und Ausgangszustand leicht unterschiedlich sein können. Analog zu den Linearachsen werden die maximalen Verlagerungen am TCP in den 3D- und R-Test-Validierungen auch bei den Untersuchungsreihen der Rotationsachsen deutlich reduziert. Insgesamt kann gezeigt werden, dass das mit den fünf Untersuchungsreihen parametrierte Vorhersagemodell das thermo-elastische Verhalten der einzelnen Achsen unterschiedlicher Geschwindigkeiten deutlich verbessern kann.

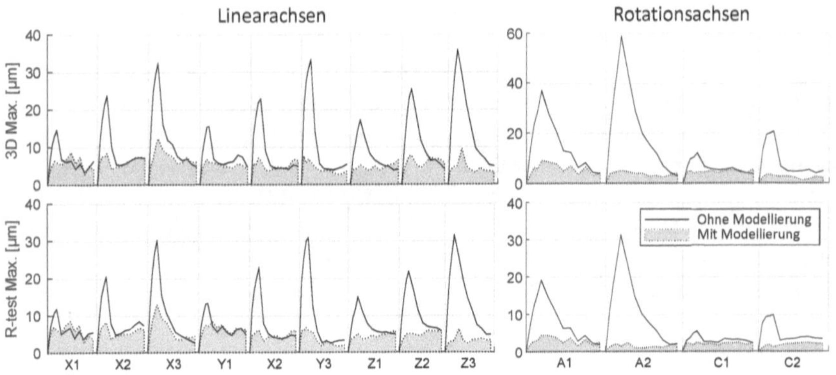

Bild 6.15: Maximale TCP-Verlagerungen mit und ohne Modellierung bei den 3D- und R-Test-Validierungen für alle Einzelachsuntersuchungsreihen der Linearachsen

Maximum TCP displacements without and with modelling in the 3D and R-Test validations for all single axis test series of the linear axes

6.3.2 Analyse unter kombinierten Belastungen

Analysis under combined axes loads

Im Anschluss an die Analyse unter Einzelachsbelastungen wird die Modellierung für die kombinierten Belastungen der Linearachsen in Bild 6.16, der Rotationsachsen in Bild 6.17 sowie aller Achsen in Bild 6.18 validiert. Hierbei werden die Verbesserungen der Einzelabweichungen sowie der 3D- und R-Test-Validierungen zunächst in maximalen Größen dargestellt. Die Verbesserungen der Einzelabweichungen in RMSE zeigen einen ähnlichen Trend und sind in Bild 10.5 Bild 10.6 und Bild 10.7 im Anhang dargestellt. Die Residuen der kombinierten Belastungen der Linearachsen (mit Modellierung) liegen in ähnlichen Größenordnungen wie bei den Einzelachsbelastungen im vorherigen Kapitel. Auch die Verbesserungen in den 3D- und R-Test-Validierungen sind mit denen der Einzelachsbelastungen vergleichbar. Die Verläufe der Abweichungen sowie die Verbesserungen über die gesamten Untersuchungsreihen sind in Bild 10.8 im Anhang dargestellt. Für die Untersuchungsreihe CP4 (Bild 6.16) ist zu erkennen, dass sich die volumetrische Genauigkeit bei den Abkühlphasen mit der Vorhersage leicht verschlechtert. In diesem Fall wird insbesondere Z0A nicht ausreichend gut vorhergesagt.

Bei den kombinierten Belastungen der Rotationsachsen sind die Verbesserungen etwas geringer als bei den Einzelachsbelastungen (s. Bild 6.17). Die gemessenen Abweichungen sind ursprünglich klein und die Reduktion entsprechend geringer. Die Residuen nach der Modellierung sind bei einigen Abweichungen wie C0A größer als bei den Einzelachsbelastungen. Dies gilt ebenso für die Residuen der volumetrischen Abweichungen. Insgesamt können jedoch deutliche Verbesserungen erzielt werden. Die

Verbesserungen der einzelnen Abweichungen über den Untersuchungsreihen sind in Bild 10.9 im Anhang dargestellt.

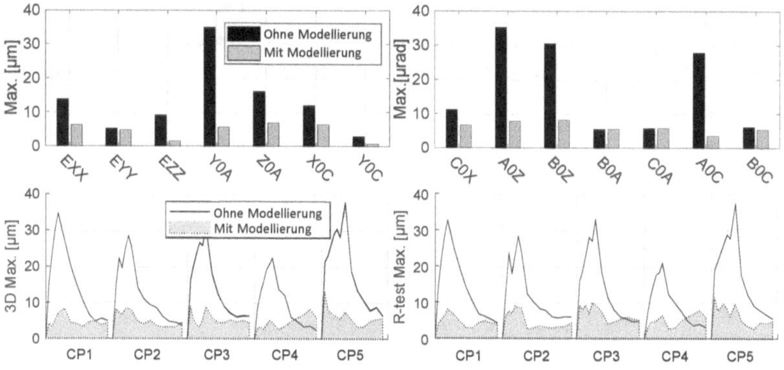

Bild 6.16: Maximale thermo-elastische Abweichungen ohne und mit Modellierung sowie Validierungen für die kombinierten Belastungen der Linearachsen

Maximum thermo-elastic errors without and with modelling as well as validations for the combined loads of the linear axes

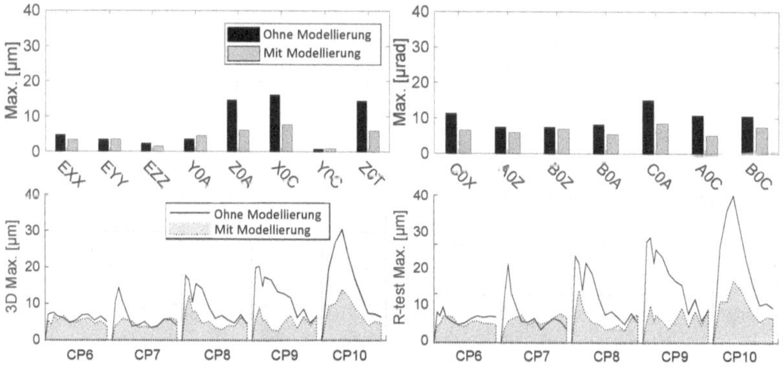

Bild 6.17: Maximale thermo-elastische Abweichungen ohne und mit Modellierung sowie Validierungen für die kombinierten Belastungen der Rotationsachsen

Maximum thermo-elastic errors without and with modelling as well as validations for the combined loads of the rotary axes

Verbesserungen sind auch bei den kombinierten Belastungen aller Achsen zu erkennen. Die Rechtwinkligkeitsabweichungen, die Positionierabweichungen sowie die Tischabweichung Z0T werden in ähnlicher Qualität wie bei den bisherigen Analysen verbessert. Die Lageabweichung Z0A wird jedoch nur geringfügig verbessert. Insbesondere ist in Bild 10.10 im Anhang zu erkennen, dass die Modellierung von Z0A bei der Untersuchungsreihe CP12, bei denen die Linearachsen und Rotationsachsen verschiedener Kombinationen gleichzeitig belastet werden, nicht gut ist. Dies kann darauf zurückgeführt werden, dass die Überlagerung der thermo-elastischen Effekte von Linear- und Rotationsachsen auf die Abweichung nicht proportional ist. Daher kann das Superpositionsprinzip, das im Modellierungsansatz verwendet wird, für Z0A nur eingeschränkt angewendet werden. Da der Einfluss von Z0A für die volumetrische Genauigkeit eine große Rolle spielt, ist der Effekt auch in den Ergebnissen der R-Test- sowie der 3D-Validierung sichtbar.

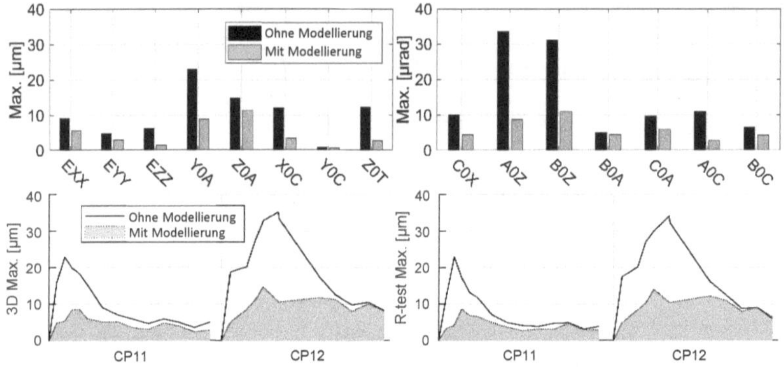

Bild 6.18: Maximale thermo-elastische Abweichungen ohne und mit Modellierung sowie Validierungen für die kombinierten Belastungen aller Achsen

Maximum thermo-elastic errors without and with modelling as well as validations for the combined loads of all axes

6.3.3 Analyse der Ergebnisse

Analysis of the results

Im Rahmen dieses Kapitels wird die Qualität der Modellierung in Abhängigkeit von den Modellstufen der Abweichungen analysiert. Es soll ein genaues und vor allem ein robustes Modell zur Vorhersage der thermo-elastischen Einflüsse erstellt werden. Daher soll eine Modellstufe mit weniger Abweichungen verwendet werden, wenn die entsprechenden Modellstufen ähnliche Verbesserungen zeigen. Die Modellierung weiterer Abweichungen, die jedoch keine signifikanten Verbesserungen aufweisen, kann im ungünstigsten Fall aufgrund der höheren Messunsicherheit und der damit verbundenen Modellunsicherheit zu einer Verringerung der Robustheit führen.

Bild 6.19 zeigt das Maximum sowie den RMSE der residualen Vektorlängen der TCP-Verlagerungen für die unterschiedlichen Modellstufen bei den Einzelachsbelastungen (Tabelle 6.1). Durch den Vergleich mit den TCP-Verlagerungen ohne Modellierung („ohne") sind die Verbesserungen der einzelnen Modellstufen ersichtlich. Zusätzlich zu den in Bild 5.12 verwendeten Modellstufen der Abweichungen wird ebenfalls eine weitere Modellstufe 4* betrachtet, die die gleichen Abweichungen wie die Modellstufe 4 enthält, jedoch vier statt zwei Intervalle zur Spline-Modellierung der Bewegungsabweichungen verwendet.

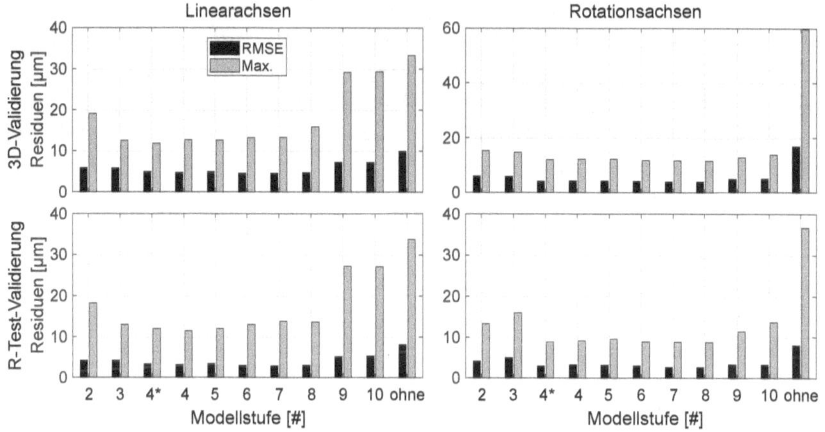

Bild 6.19: Ergebnisse der realen Validierung für die unterschiedlichen Modellstufen bei den Einzelachsbelastungen

Results of the experimental validation for the different error model levels for the single axis loads

Die Ergebnisse zeigen einen ähnlichen Trend wie die Ergebnisse der Monte Carlo Methode in Bild 5.12. Zunächst nehmen die maximalen Residuen mit steigender Anzahl der modellierten Abweichungen ab. Bei den Modellstufen 4-6 sind die maximalen Residuen am kleinsten und steigen bei den Modellstufen 2 und 3 wieder an. Die RMSE sind grundsätzlich kleiner und zeigen ebenfalls ein ähnliches Verhalten. Ab der Modellstufe 6-7 erreichen die RMSE fast das Plateau und steigen minimal bei den Modellstufen 2 und 3. Durch die Modellierung der Geradheitsabweichungen sowie der rotatorischen Positionierabweichungen der Modellstufe 4 werden die Ergebnisse bei den Einzelachsbelastungen gegenüber der Modellstufe 7 leicht verbessert. Die Modellstufe 4* zeigt hier keine deutliche Verbesserung gegenüber den anderen. Bei den Rotationsachsen wird die größte Verbesserung bereits durch die Lageabweichungen (Modellstufe 10) erreicht, da die anderen Abweichungen ursprünglich relativ klein sind. Allerdings ist es bei den Linearachsen ersichtlich, dass die Modellierung von nur Lageabweichungen bzw. Lage- und Orientierungsabweichungen (Modellstufe 9-10) nicht zu einer deutlichen Verbesserung führt.

In Bild 6.20 sind die Ergebnisse der kombinierten Belastungen dargestellt. Auch hier zeigt sich ein sehr ähnliches Verhalten wie bei den Einzelachsbelastungen. Die Residuen sind jedoch überall etwas größer, da sich die wechselnden kombinierten bzw. unabhängigen Belastungen schwerer mit den einfachen Belastungen modellieren lassen. Die Steigung der maximalen Residuen bei den Modellstufen 2-3 ist ebenfalls steiler. Bei den Ergebnissen ist es zu erkennen, dass die Modellierung von nur Lageabweichungen bzw. Lage- und Orientierungsabweichungen teilweise zur Verschlechterung führen kann (Modellstufe 9-10). Das Optimum der Modellstufe liegt bei 6-7, welches die Lage- und Orientierungsabweichungen der Rotationsachsen, die Rechtwinkligkeitsabweichungen sowie die Positionierabweichungen der Linearachsen beinhaltet. Durch die zusätzliche Modellierung von Geradheitsabweichungen in der Modellstufe 6 oder Positionierabweichungen der Rotationsachsen in der Modellstufe 5 bzw. 4 ergeben sich keine Verbesserungen gegenüber der Modellstufe 7, sondern teilweise Verschlechterungen (s. Bild 10.12 im Anhang). Die Modellierung der Positionierabweichungen der Linearachsen zeigt ebenfalls keine großen Verbesserungen, da diese Abweichungen bei den kombinierten Belastungen ursprünglich klein waren. Bei den Einzelachsbelastungen zeigt sich jedoch, dass lange Belastungen mit hoher Geschwindigkeit zu großen Positionierabweichungen der Linearachsen führen können. Daher ist es sinnvoll, diese Positionierabweichungen bei der Modellierung weiterhin zu berücksichtigen.

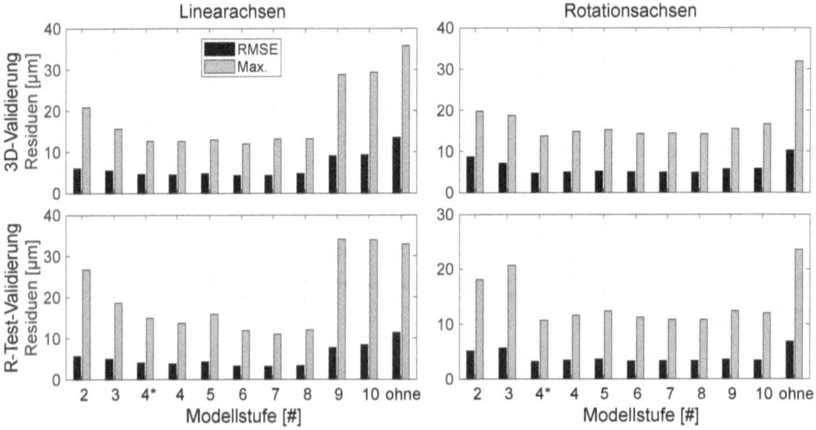

Bild 6.20: Ergebnisse der realen Validierung für die unterschiedlichen Modellstufen bei den kombinierten Belastungen

Results of the experimental validation for the different error model levels for the combined loads

6.3.4 Fazit

Conclusion

In diesem Kapitel wurde das Potential der Modellierungsmethode untersucht. Dabei wurden die thermo-elastischen Abweichungen auf Basis der einfachen Einzelachsbelastungen modelliert und die Vorhersagequalität an unabhängigen Einzelachsbelastungen sowie kombinierten Belastungen validiert. Für die verwendete Demonstratormaschine können folgende Aussagen getroffen werden:

- Die Methode basierend auf der PT1-Übertragungsfunktion lässt sich für die Modellierung der thermo-elastischen Abweichungen der Demonstratormaschine gut anwenden. Das Modell wurde mit den fünf Untersuchungsreihen der Einzelachsbelastungen (eine Untersuchungsreihe je Achse) parametriert und mit 25

Untersuchungsreihen, davon 13 Untersuchungsreihen der Einzelachsbelastungen und 12 Untersuchungsreihen der unabhängigen kombinierten Belastungen, validiert.

- Die Modellstufe 7 (Lage- und Orientierungsabweichungen der Rotationsachsen, Rechtwinkligkeitsabweichungen und Positionierabweichungen der Linearachsen) kann für die sinnvolle Modellierung der Demonstratormaschine verwendet werden.
- Die primären Abweichungen (Z0A, Y0A, X0C, A0Z, B0Z, A0Z, EXX) werden nach der Vorhersage auf maximal 10 µm bzw. 10 µrad korrigiert. Die Verbesserungen betragen 50-70 % für die maximalen Residuen und 60-80 % für den RMSE der Residuen. Alle anderen Abweichungen liegen nach der Vorhersage unter 5 µm bzw. 5 µrad. Eine Ausnahme bildet die Lageabweichung Z0A, die bei kombinierter Belastung aller Achsen nicht ausreichend gut modelliert wird (s. Bild 6.18). Dies kann auf die komplexe Überlagerung der thermischen Effekte von Linear- und Rotationsachsen zurückgeführt werden. Eine Verbesserung dieses Verhaltens kann durch die Berücksichtigung entsprechender Belastungen in den Parametrierungsdatensätzen erreicht werden.
- Die Modellierung von Positionierabweichungen der Linearachsen bringt bei kombinierten Belastungen keine wesentliche Verbesserung, da die Maschine relativ stabil ist und diese Abweichungen daher nur bei längeren oder starken Belastungen groß werden. Bei den Einzelachsbelastungen wurden jedoch große Positionierabweichungen gemessen, die auch gut vorhergesagt werden konnten. Daher sollten die Positionierabweichungen der Linearachsen bei der Modellierung berücksichtigt werden.
- Geradheitsabweichungen sind schwierig zu modellieren, da diese Abweichungen ursprünglich klein sind und die Messunsicherheiten dieser Abweichungen in einer ähnlichen Größenordnung liegen.
- Die Modellierung von nur Lageabweichungen bzw. Orientierungsabweichungen, die auch mit den Messmethoden des Standes der Technik gemessen werden können, verbessert das thermo-elastische Verhalten, kann es aber teilweise auch verschlechtern. Das Potential der Modellierung zusätzlicher Abweichungen gegenüber dem Stand der Technik konnte somit durch die Ergebnisse aufgezeigt werden.

Durch den Einsatz des entwickelten Messprozesses konnte eine ausführliche Analyse des thermo-elastischen Verhaltens der Demonstratormaschine durchgeführt werden (s. Kapitel 6.2.4). Basierend auf diesem Ergebnis konnte ebenfalls die optimale Abweichungskombination ausgewählt werden, die ein robustes Vorhersagemodell ermöglicht. Nicht alle gemessenen Abweichungen lassen sich hierbei sinnvoll modellieren. Diese Aussage konnte jedoch erst durch die ausführliche Analyse getroffen werden. Damit wird die zweite Forschungshypothese bestätigt.

7 Übertragung der Erkenntnisse auf eine weitere Werkzeugmaschine

Transfer of the insights to another machine tool

Im vorherigen Kapitel wurde die Anwendbarkeit des entwickelten Messprozesses zur Messung der thermo-elastischen Abweichungen an einer Demonstratormaschine untersucht. Außerdem wurde die Modellierung zur Vorhersage dieser Abweichungen auf Basis der steuerungsinternen Daten sowie der Temperaturdaten untersucht. Die Übertragbarkeit des Messprozesses sowie der Modellierung soll anschließend an einer weiteren Demonstratormaschine mit unterschiedlicher Kinematik validiert werden.

7.1 Beschreibung des Versuchsaufbaus

Description of the experimental setup

Die zweite Demonstratormaschine ist eine horizontale fünfachsige Werkzeugmaschine in einer Kreuzbettbauweise mit einem Drehschwenktisch wie in Bild 7.1 [BREC19a]. Die X- und Y-Achse sowie die Spindel sind werkzeugseitig angeordnet. Auf der Werkstückseite befindet sich der Drehschwenktisch mit der A- und B-Achse auf der Z-Achse. Ähnlich wie bei der ersten Demonstratormaschine sind an verschiedenen Positionen der thermisch relevanten Maschinenkomponenten PT100 Temperatursensoren angebracht, um die Temperaturdaten für die Analyse sowie die Modellierung des thermo-elastischen Verhaltens zu nutzen. Anders als bei der ersten Demonstratormaschine werden hierbei kabel-gebundene Sensoren eingesetzt, wodurch die Montagemöglichkeit an den bewegenden Teilen teilweise beschränkt ist.

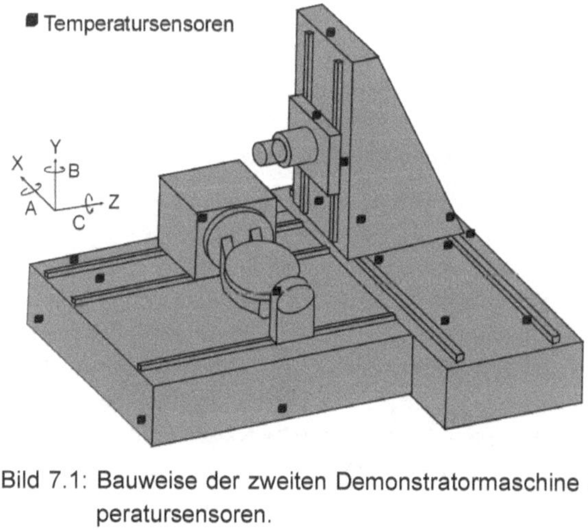

Bild 7.1: Bauweise der zweiten Demonstratormaschine und die Positionen der Temperatursensoren.

Design of the second demonstrator machine and the temperature sensor positions.

Die Maschine ist mit der Steuerung SINUMERIK 840D Solutionline der Firma Siemens AG ausgestattet. Die Datenerfassungssoftware, die für den Messprozess an der ersten Demonstrationsmaschine verwendet wurde, wird für die Anbindung an die Steuerung angepasst. Durch die neuere Steuerung ergibt sich eine höhere Datenrate von ca. 200 Hz, die deutlich schneller ist als die Datenrate von 60 Hz der Steuerung SINUMERIK 840D Powerline der ersten Demonstratormaschine (vgl. Kapitel 4.1.2). Die Datenrate vom Sensor ändert sich dabei nicht.

Für die Durchführung des dynamischen R-Tests wird ebenfalls das identische Längennormal aus Bild 5.1 auf dem Tisch befestigt. Für die Messung wird ebenfalls der gleiche Messprozess des dynamischen R-Tests an zwei Kugelpositionen und der Längenmessungen am Längennormal verwendet. Die beiden Kugelpositionen werden ähnlich wie bei der ersten Demonstratormaschine gewählt. D.h. eine Kugelposition befindet sich in einem kleineren Radius und misst den kleinen Arbeitsraum über die kontinuierlichen Bewegungen der B-Achse an verschiedenen Positionen der A-Achse, während die zweite Kugelposition den größeren Arbeitsraum repräsentiert. Im Gegensatz zur ersten Demonstratormaschine messen die beiden Kugelpositionen den 180°-Schwenkbereich der A-Achse in 20°-Schritten. Die Kollisionsgefahr bzw. die durch den Endschalter nicht erreichbaren Positionen werden dadurch vermieden, dass die B-Achse je nach Position der A-Achse nicht komplett (360°), sondern nur einen Teilkreis dreht. Für die Drehung der B-Achse wird der gleiche Vorschub von 50°/s verwendet. Die Längenmessung erfolgt wie bei der ersten Demonstratormaschine in X- und Y-Richtung bei der um 90° geschwenkten A-Achse. Die gesamte Messdauer beträgt ebenfalls ca. 5 Minuten.

7.2 Analyse der Messunsicherheit

Analysis of the measurement uncertainty

Analog zur ersten Demonstratormaschine wird die Unsicherheit des Messprozesses für die zweite Demonstratormaschine mit der Monte Carlo Methode, wie in Kapitel 5.3, analysiert. Dazu werden zunächst die einzelnen Unsicherheitsquellen quantifiziert.

Die Genauigkeit der Datenerfassung wird an einer Kugelposition analysiert. Die Sensordaten sowie die Steuerungsdaten werden während der Rotation der B-Achse in drei A-Achspositionen (0°, 45° und 90°) fünfmal hintereinander gemessen. Bild 7.2 zeigt die Ergebnisse dieser Wiederholgenauigkeitsanalyse. Die ursprünglichen räumlichen Verlagerungen liegen in allen Richtungen bei über 100 µm. Die Streuung der wiederholten Messungen gleicher Positionen liegt meist unter 1 µm. Die Standardabweichungen (k=2) betragen 0,65 µm in X-Richtung, 0,63 µm in Y-Richtung und 0,56 µm in Z-Richtung. Damit sind die Werte fast halb so klein wie bei der ersten Demonstratormaschine. Die neuere Steuerung ermöglicht eine höhere Datenrate, wodurch die Stabilität der Datenerfassung erhöht wird. Die zweite Demonstratormaschine wurde ebenfalls vor kurzem neu beschafft, so dass die Wiederholgenauigkeit aufgrund der mechanischen Eigenschaften der neuen bzw. nicht verschlissenen Komponenten besser sein kann. Die ausgewertete Verteilung wird als Input für die Monte Carlo Methode verwendet.

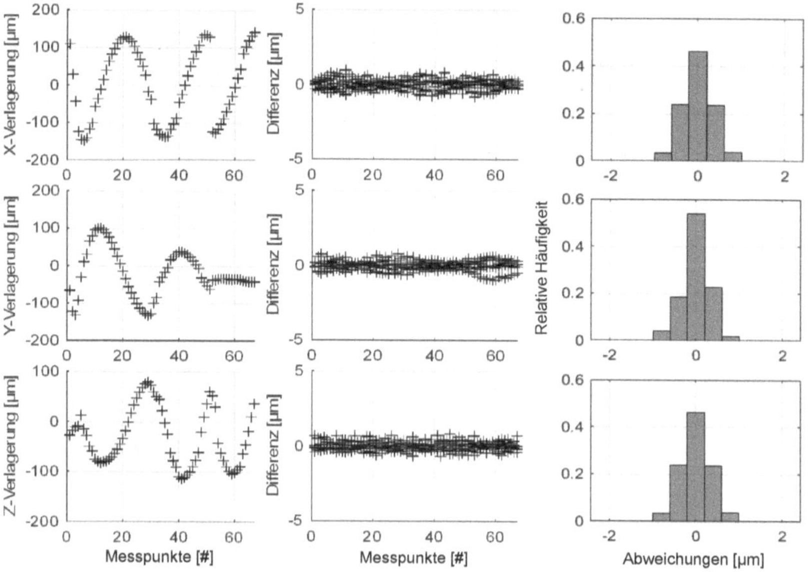

Bild 7.2: Wiederholgenauigkeit der Messwertaufnahme auf der zweiten Demonstratormaschine

Repeatability of the measurement recording on the second demonstrator machine

Trotz der kurzen Messdauer kann ebenfalls die zweite Demonstratormaschine während des Messprozesses des R-Tests thermo-elastisch abweichen. Daher wird anschließend das thermo-elastische Verhalten der Maschine analog zur ersten Demonstratormaschine experimentell untersucht, indem Messungen am Längennormal vor und nach dem dynamischen R-Test durchgeführt werden (s. Kapitel 5.4.2). Der Messprozess wird im Laufe der unterschiedlichen Belastungen aller Achsen sowie Abkühlungen, die insgesamt über 40 Stunden durchgeführt werden, wiederholt eingesetzt. Die Veränderungen der TCP-Verlagerungen am Beispiel von zwei Kugelpositionen sind in Bild 7.3 dargestellt. Die Verlagerungen betragen maximal 3 µm in X-Richtung, 2,8 µm in Y-Richtung und 1,5 µm in Z-Richtung. Es ist ersichtlich, dass die Maschine hauptsächlich in Y- und X-Richtung abweicht. Aus der Änderung der TCP-Verlagerungen werden acht Abweichungen berechnet, darunter zwei Positionierabweichungen, eine Rechtwinkligkeitsabweichung sowie fünf Lage- und Orientierungsabweichungen. Die Mittelwerte sowie die Standardabweichungen dieser Abweichungen werden ausgewertet, um diese als Input für die Monte Carlo Methode zu nutzen. Analog zur ersten Demonstratormaschine (s. Kapitel 5.4.2) werden die Abweichungen als linear ansteigende Funktion über die Messdauer des Messprozesses modelliert, deren Größen in jeder Simulation der Monte Carlo Methode aus der ausgewerteten Verteilung neu bestimmt werden.

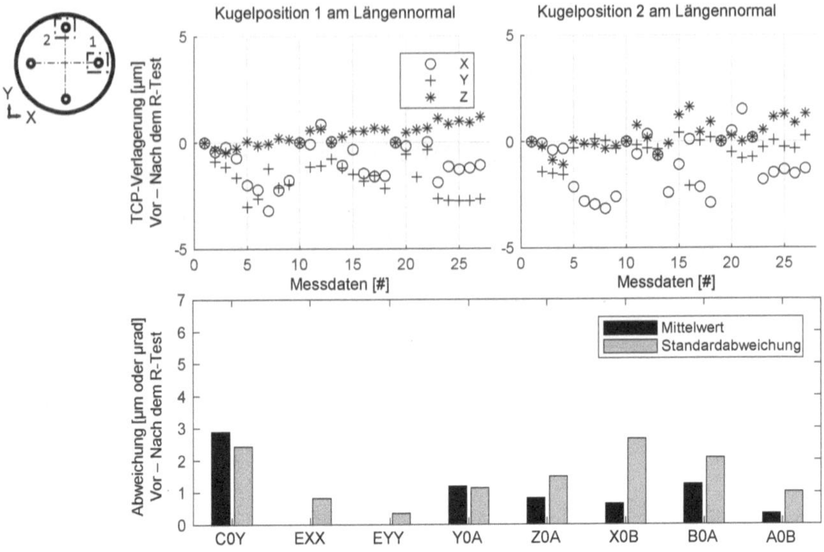

Bild 7.3: Änderung der Messwerte an den Kugelpositionen 1 und 2 (oben) während des dynamischen R-Tests an zwei Kugelpositionen und die daraus berechneten Abweichungen (zweite Demonstratormaschine)

Change in the measured values at ball positions 1 and 2 (top) during the dynamic R-Test on two ball positions and the errors calculated (second demonstrator machine)

Für die Monte Carlo Methode werden ebenfalls analog zu Tabelle 5.5 zwei Gruppen von Abweichungsgrößen definiert und die weiteren Unsicherheiten wie in Tabelle 5.7 berücksichtigt. Die Ergebnisse der Monte Carlo Methode mit 1000 Simulationen sind zunächst für die methodisch bedingten Unsicherheiten in Bild 7.4 dargestellt. Der Trend der Residuen aus den Messdaten, den 3D-Validierungen sowie den R-Test-Validierungen zeigt ein ähnliches Verhalten wie bei der ersten Demonstratormaschine in Bild 5.12. Die Residuen werden mit steigender Anzahl der Abweichungen kleiner. Bei den 3D-Validierungen sowie den R-Test-Validierungen werden die Residuen mit steigender Anzahl der Abweichungen zunächst kleiner und ab einer bestimmten Modellstufe der Abweichungen wieder größer. Bei der Berücksichtigung der Positionierabweichungen (Modellstufe 7) gibt es einen relativ großen Sprung. Mit den Geradheitsabweichungen sowie den Positionierabweichungen der Rotationsachsen werden die Residuen wieder kleiner, so dass das Optimum um die Modellstufe 4 liegt. Im unteren Diagramm ist ebenfalls zu erkennen, dass sich die Messunsicherheit der einzelnen Abweichungen durch die Berücksichtigung der weiteren Abweichungen verschlechtert. Mit der zusätzlichen Berücksichtigung der thermisch bedingten Unsicherheiten werden die maximalen Residuen und auch der RMSE etwas schlechter (s. Bild 10.13 im Anhang), der Gesamttrend ändert sich jedoch nicht wesentlich. Mit der Monte

Carlo Methode werden die Messunsicherheiten der einzelnen Abweichungen der Modellstufe 4 bewertet (Bild 7.5). Dieses Vorgehen wurde bereits in Kapitel 5.4.5 für die erste Demonstratormaschine gegenüber den experimentellen Untersuchungen validiert.

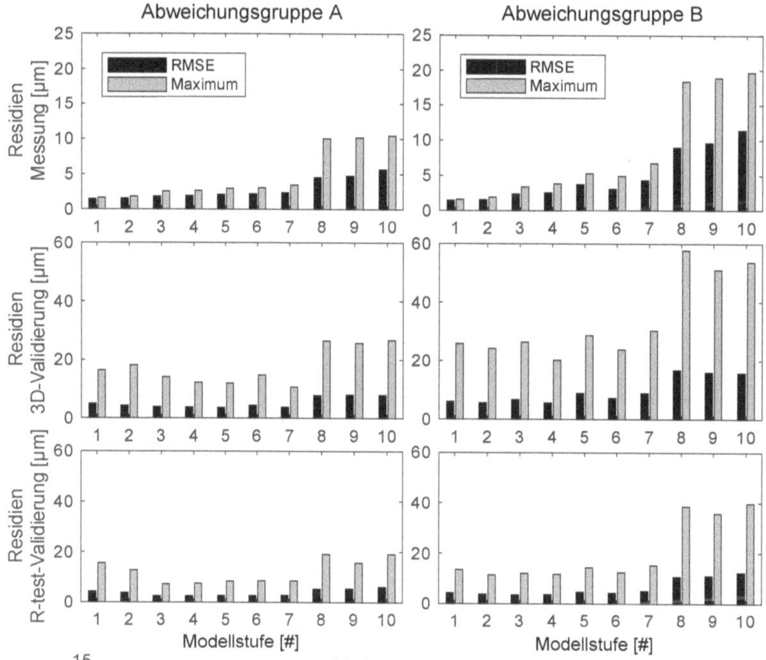

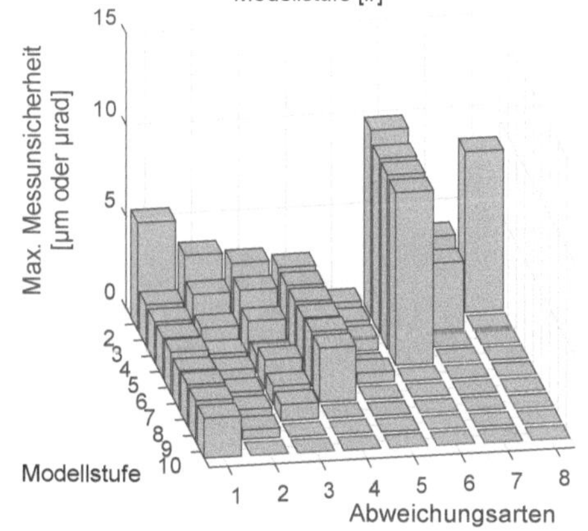

#	Abweichungsarten
1	Lage
2	Orientierung
3	Rechwinkligkeit
4	Lin. Positionier
5	Geradheit
6	Rot. Positionier
7	Roll, Nick, Gier
8	Rundlauf

Bild 7.4: Ergebnisse der Monte Carlo Methode für die methodisch bedingten Unsicherheiten bei der zweiten Demonstratormaschine: Vergleich der unterschiedlichen Modellstufen der Abweichungen

Results of the Monte Carlo method for the methodological uncertainties in the second demonstrator machine: Comparison of the different error model level

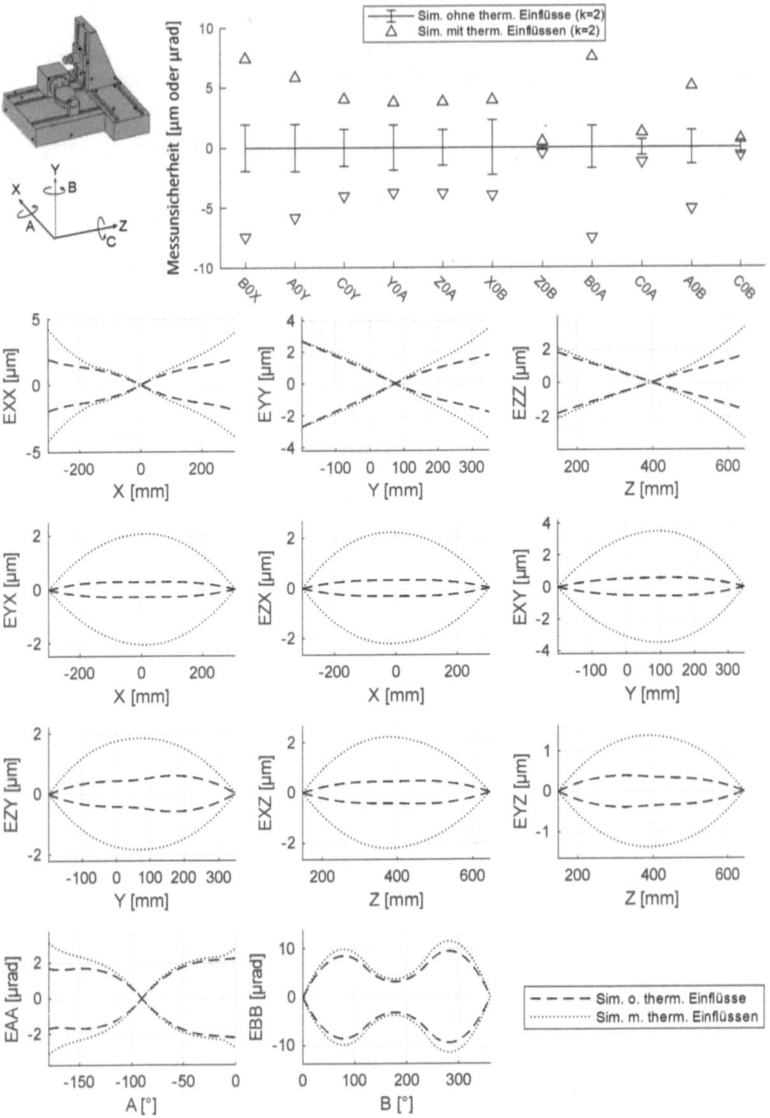

Bild 7.5: Messunsicherheit der einzelnen Abweichungen der Modellstufe 4 aus der Monte Carlo Methode

Measurement uncertainty of the individual errors of the error model level 4 from the Monte Carlo method

Die Messunsicherheiten der Lageabweichungen betragen maximal 4 µm und der Orientierungsabweichungen sowie der Rechtwinkligkeitsabweichungen 7,5 µrad unter Berücksichtigung der thermischen Einflüsse. Für EYY sowie EZZ betragen die Messunsicherheiten maximal ca. 3 µm. Bei EXX liegt die Messunsicherheit ohne thermische Einflüsse ebenfalls unter 3 µm, mit thermischen Einflüssen jedoch fast doppelt so hoch. Hierbei ist zu berücksichtigen, dass die Temperatur bzw. die thermischen Einflüsse am Längennormal, die primär für die Positionierabweichungen der Linearachsen relevant sind, nicht direkt gemessen werden konnten, da diese Möglichkeit mit den verwendeten Kabel-gebundenen Sensoren physikalisch begrenzt war. Daher wurde dieser Einfluss basierend auf den Temperaturdaten des Sensors in der Nähe der A-Achse abgeschätzt. Da sich die A-Achse durch die Bewegungen erwärmen kann, das Längennormal aber eher nicht, kann dies potentiell zu einer Überschätzung der Messunsicherheit führen. Die Geradheitsabweichungen können methodisch bedingt sehr gut gemessen werden. Diese Abweichungen werden jedoch relativ stark thermisch beeinflusst. Die Positionierabweichungen der Rotationsachsen können mit einer maximalen Messunsicherheit von 10 µrad gemessen werden, wobei die thermischen Einflüsse für diese Positionierabweichungen in der Analyse nur vereinfacht berücksichtigt werden können, da die Möglichkeit zur Berücksichtigung solcher Einflüsse messtechnisch begrenzt ist. Daher kann die Messunsicherheit z.B. bei EAA in der Realität größer sein.

7.3 Thermische Untersuchung

Thermal investigation

Zur Analyse des thermo-elastischen Verhaltens werden drei Untersuchungsreihen für die Einzelachsbelastungen der Linearachsen herangezogen: Untersuchungsreihe X, Y sowie Z. Die Untersuchungsreihen bestehen jeweils aus vierstündigen Belastungsphasen, in denen die jeweilige Achse Pendelbewegungen mit einer Geschwindigkeit von 20 m/min über den gesamten Achsverfahrweg ausführt, und anschließenden Abkühlphasen, in denen alle Achsen außer bei den Messbewegungen stillstehen. Analog zur ersten Demonstratormaschine wird der Messprozess während der Belastungsphase stündlich und während der Abkühlphase zweistündlich durchgeführt. Für die Analyse des thermo-elastischen Verhaltens der Linearachsen werden die Bewegungsabweichungen der Rotationsachsen vernachlässigt und somit die Modellstufe 6 verwendet.

7.3.1 Analyse des thermo-elastischen Verhaltens

Analysis of the thermo-elastic behaviour

In Bild 7.6 oben sind die maximalen Abweichungen der durchgeführten Untersuchungsreihen dargestellt. Zunächst ist zu erkennen, dass die maximalen Positionierabweichungen im Vergleich zur ersten Demonstratormaschine relativ groß sind. Dieses Verhalten wird in den unteren Diagrammen deutlicher. EYY beträgt über den Verfahrweg von ca. 500 mm bei der Untersuchungsreihe der Y-Achse bis zu ± 20 µm. Die beiden anderen Positionierabweichungen EXX sowie EZZ steigen über den ähnlichen Verfahrweg von ca. 500 mm ebenfalls auf ca. ±10 µm an. Die Geradheitsabweichungen sind dagegen gering.

Die Lageabweichungen Y0A, Z0A sowie X0B beinhalten alle Nullpositionsverschiebungen der Achsen und reagieren daher bei allen Belastungen relativ stark. Y0A steigt sowohl bei Belastungen der X-Achse als auch der Y-Achse über 20 µm an. Die Verläufe sind auch im zusätzlichen Diagramm dargestellt. Z0B ändert sich bei allen Untersuchungsreihen nicht, da diese Abweichung dem Versatz zwischen A- und B-Achse in Z-Richtung entspricht und diese Abweichung meist nicht direkt von den Linearachsen beeinflusst werden kann. Die Orientierungsabweichungen zeigen ebenfalls relativ geringe Änderungen.

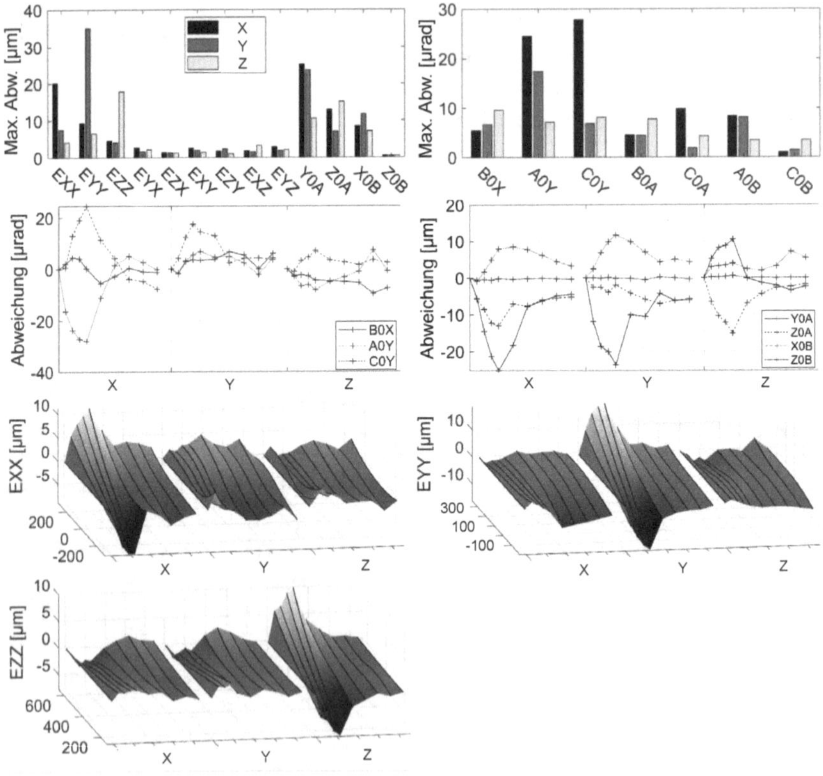

Bild 7.6: Maximale Änderung der gemessenen Abweichungen (oben), Verläufe der Rechtwinkligkeits- und Lageabweichungen (zweite Reihe) sowie der Positionierabweichungen (letzte zwei Reihen) der zweiten Demonstratormaschine

Maximum change of the measured errors (top), squareness and location errors (second row) as well as the positioning errors (last two rows) of the second demonstrator machine.

Die Rechtwinkligkeitsabweichung A0Y reagiert stark auf die Belastung der X- sowie der Y-Achse. Dieses Verhalten kann ebenfalls auf den unsymmetrischen Aufbau der Maschine zurückgeführt werden und ist daher bei Maschinen in Kreuzbettbauweise zu erwarten, wenn keine Ausgleichsmaßnahmen vorhanden sind. Die weitere Rechtwinkligkeitsabweichung C0Y steigt aus dem gleichen Grund bei der Untersuchungsreihe der X-Achse relativ stark an.

7.3.2 Modellierung des thermo-elastischen Verhaltens

Modelling of the thermo-elastic behaviour

Da die Geradheitsabweichungen ursprünglich klein sind, werden sie für die Modellierung vernachlässigt. Daher wird zunächst die Modellstufe 7 für die Modellierung verwendet. Zur Validierung werden drei weitere unabhängige Untersuchungsreihen CP1 – 3 definiert. Bei CP1 bewegen sich alle Achsen gleichzeitig über die gesamte Belastungsphase mit konstanten Geschwindigkeiten. Bei CP2 sowie CP3 werden verschiedene Kombinationen der Linearachsen mit unterschiedlichen Geschwindigkeiten für die Belastungen definiert. Die Verbesserungen der Abweichungen sowie der TCP-Verlagerungen für die Untersuchungsreihen X, Y und Z (Selbstvalidierung) sind im Anhang (Bild 10.14 und Bild 10.15 im Anhang) dargestellt.

In Bild 7.7 sind die RMSE und die maximalen Änderungen der Abweichungen ohne und mit Modellierung bei den unabhängigen Untersuchungsreihen dargestellt. Es ist zu erkennen, dass die Residuen mit Modellierung in den meisten Fällen 10 µm bzw. 10 µrad nicht überschreiten. Die Positionierabweichungen, die Lageabweichungen sowie die Rechtwinkligkeitsabweichungen wurden erfolgreich modelliert. Die Verbesserung der Abweichungen, die anfänglich 10 µm bzw. 10 µrad überschreiten, beträgt sowohl beim RMSE als auch beim Maximum zwischen 50 und 85 %. Der Verlauf der Abweichungen über den Untersuchungsreihen in Bild 7.8 zeigt die Verbesserungen deutlicher. Trotz der stark variierenden Abweichungen bei CP2 sowie CP3 werden die meisten Abweichungen robust modelliert. Bei den kleinen Abweichungen verbessern sie sich teilweise nicht deutlich. Bei den großen Abweichungen sind dagegen deutliche Verbesserungen zu erwarten. Die Positionierabweichungen werden ebenfalls in beide Richtungen (Minimum sowie Maximum) verbessert. Die Orientierungsabweichungen zeigen keine signifikante Verbesserung, da diese Abweichungen ursprünglich klein sind bzw. im Verhältnis zur Messunsicherheit nicht groß genug sind. Dies ist darauf zurückzuführen, dass nur die Linearachsen für die Belastung verwendet wurden und diese Abweichungen offensichtlich nicht davon beeinflusst werden.

Die Verbesserungen der volumetrischen Genauigkeit der Maschine sind auch bei den 3D- und R-Test-Validierungen deutlich zu erkennen (s. Bild 7.9). Die maximalen Verlagerungen am TCP werden von über 60 µm auf 17 µm und der RMSE von 50 µm auf 10 µm reduziert, so dass eine Verbesserung von über 70 % zu erwarten ist.

Die Verbesserungen der Abweichungen der Modellstufe 5 sind in Bild 10.16 im Anhang dargestellt. Es wird deutlich, dass die Geradheitsabweichungen aufgrund der geringen ursprünglichen Größen nicht modelliert werden können und deren Vorhersage dadurch keinen Mehrwert liefern.

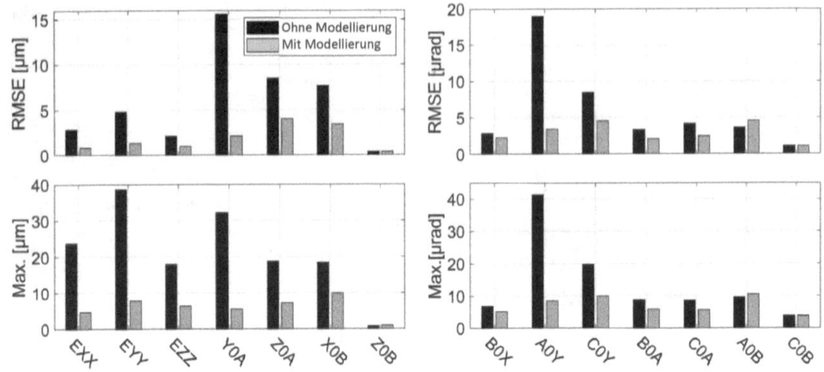

Bild 7.7: Maximum und RMSE der thermo-elastischen Abweichungen ohne und mit Modellierung bei den unabhängigen Untersuchungsreihen der zweiten Demonstratormaschine

Maximum and RMSE of the thermo-elastic errors without and with modelling at the independent test series of the second demonstrator machine

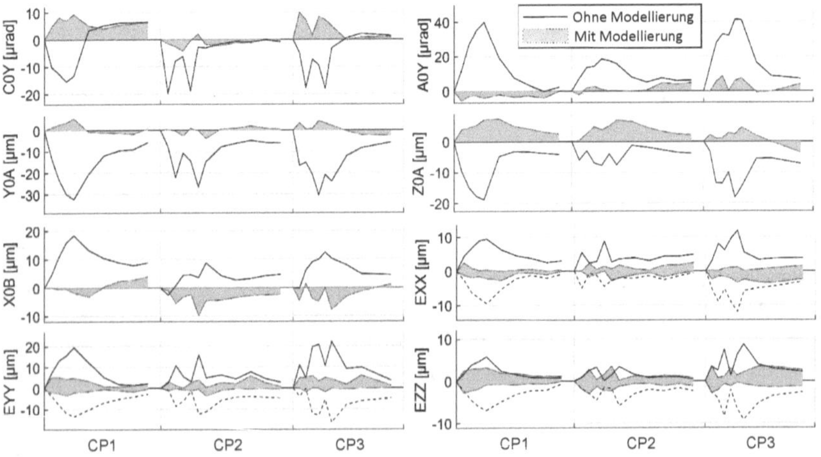

Bild 7.8: Thermo-elastischen Abweichungen ohne und mit Modellierung bei den unabhängigen Untersuchungsreihen der zweiten Demonstratormaschine

Thermo-elastic errors without and with modelling at the independent test series of the second demonstrator machine

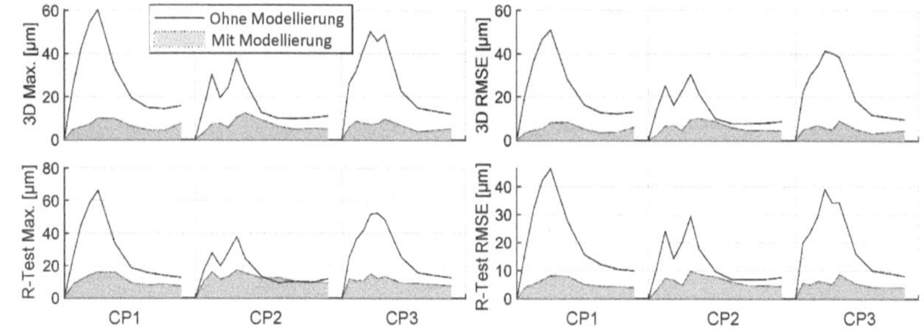

Bild 7.9: Ergebnisse der 3D- sowie R-Test-Validierung bei den unabhängigen Untersuchungsreihen der zweiten Demonstratormaschine

Results of the 3D and R-Test validation for the independent test series of the second demonstrator machine

Abschließend wird die Modellierungsqualität hinsichtlich der verschiedenen Modellstufen analysiert (s. Bild 7.10). Hierbei werden die Verbesserungen sowohl für die Untersuchungsreihen X, Y, Z (links) als auch für CP1, CP2, CP3 (rechts) betrachtet.

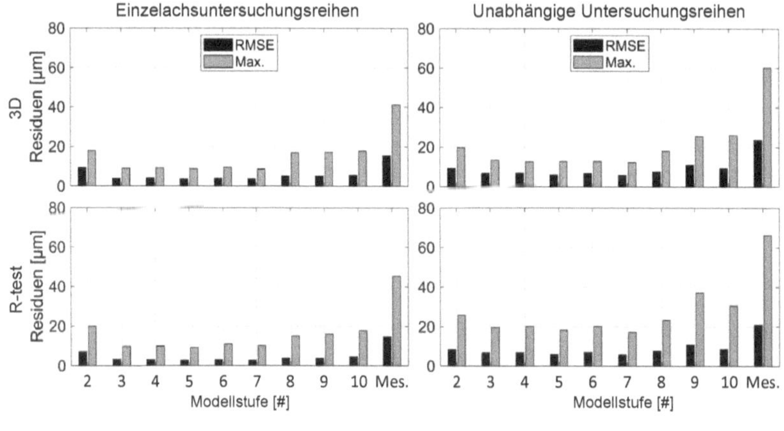

Bild 7.10: Modellierungsqualität der unterschiedlichen Modellstufen bei den kombinierten Belastungen

Modelling quality of the different error model levels for the combined loads

Es zeigt sich ein ähnliches Verhalten wie bei der ersten Demonstratormaschine, dass die maximalen und RMSE-Residuen mit steigender Anzahl der Abweichungen zunächst abnehmen, unter einer bestimmten Modellstufe jedoch wieder ansteigen. Allein durch die Modellierung der Lageabweichungen können die größten Verbesserungen von über 50 % erzielt werden. Die zusätzliche Modellierung von Orientierungsabweichungen kann jedoch zu einem schlechteren Ergebnis führen, wenn die Rechtwinkligkeitsabweichungen nicht mitberücksichtigt werden. Das Optimum liegt bei der Modellstufe 7, wobei auch die Modellstufen 5 oder 4 ähnliche Ergebnisse liefern. Die zusätzliche Modellierung der Geradheitsabweichungen der Modellstufe 6 zeigt bei den Einzelachsbelastungen eine leichte Verbesserung gegenüber der Modellstufe 7. Bei den unabhängigen kombinierten Belastungen (CP1-3) ist die Verbesserung jedoch geringer, da die Robustheit der Modellierung für die Geradheitsabweichungen nicht ausreichend hoch ist (s. Bild 10.17 im Anhang). Mit dem gleichen Ansatz wie in Kapitel 6.3.3 sollte bei ähnlicher Qualität die Modellstufe mit den wenigeren Abweichungen, also die Modellstufe 7, für die Modellierung der Linearachsen der zweiten Demonstratormaschine verwendet werden.

7.4 Fazit

Conclusion

Basierend auf den gewonnenen Erkenntnissen der ersten Demonstratormaschine wurden sowohl der Messprozess als auch die Modellierungsmethode an der zweiten Demonstratormaschine untersucht. Daraus ergeben sich folgende Aussagen:

- Die Datenerfassungsmethode sowie der Messprozess konnten auf die zweite Demonstratormaschine übertragen werden. Die Datenerfassungsmethode weist aufgrund der neueren Steuerungsversion eine höhere Abtastrate und dadurch eine höhere Messgenauigkeit der TCP-Verlagerungen auf.
- Die Ergebnisse der Monte Carlo Methode zeigen, dass der Messprozess methodisch bedingt sehr genau sein kann, jedoch empfindlich auf thermisch bedingte Unsicherheiten reagiert. Aus der Analyse ergibt sich, analog zur ersten Demonstratormaschine, die optimale Modellstufe (Modellstufe 4) mit den Lage- und Orientierungsabweichungen, Rechtwinkligkeitsabweichungen, Positionierabweichungen und Geradheitsabweichungen zur Messung von thermo-elastischen Abweichungen.
- Das thermo-elastische Verhalten bezüglich der Linearachsbelastungen zeigt, dass die Änderungen der Maschinengenauigkeit hauptsächlich durch die Positionierabweichungen, die Lageabweichungen sowie die Rechtwinkligkeitsabweichungen verursacht werden. Die Geradheitsabweichungen sowie die Orientierungsabweichungen zeigen keine erkennbaren Änderungen über die Messunsicherheiten hinaus, wobei die Einflüsse der Rotationsachsbelastungen nicht berücksichtigt wurden.
- Der Mehrwert des neuen Messprozesses konnte durch die Ergebnisse nachgewiesen werden. Zwar konnte die größte Verbesserung bereits durch die Modellierung der Lageabweichungen erreicht werden. Weitere Potentiale sind jedoch durch die Modellierung zusätzlicher Abweichungen vorhanden.
- Die optimale Modellstufe der Abweichungen für das Vorhersagemodell liegt bei der Modellstufe 7 (Lage- und Orientierungsabweichungen, Rechtwinkligkeitsabweichungen, Positionierabweichungen der Linearachsen). Ohne Berücksichtigung der Rechtwinkligkeitsabweichungen kann die Modellierung der Orientierungsabweichungen zu einer Verschlechterung führen. Ein Mehrwert durch die

Modellierung von Geradheitsabweichungen konnte nicht nachgewiesen werden.

- Die einzelnen Abweichungen, die sich ursprünglich um mehr als 10 µm und 10 µrad ändern, können durch die Modellierung um 50-85 % verbessert werden. Die Residuen der modellierten Abweichungen liegen unter 10 µm sowie 10 µrad. Die räumliche Genauigkeit am TCP verbessert sich ebenfalls um über 70 % gegenüber der nicht modellierten Maschine.
- Insgesamt zeigen die Ergebnisse der Monte Carlo Methode, der thermischen Untersuchungen sowie der Modellierung einen ähnlichen Trend wie bei der ersten Demonstratormaschine.

Mit den Ergebnissen konnte die Übertragbarkeit des Messprozesses des dynamischen R-Tests auf die zweite Demonstratormaschine sowie der Mehrwert des Messprozesses für die Analyse und die Modellierung des thermo-elastischen Verhaltens erfolgreich gezeigt werden.

8 Zusammenfassung und Ausblick

Im Rahmen dieser Arbeit wurde eine Messmethode entwickelt, untersucht und validiert, die es ermöglicht, das thermo-elastische Verhalten von fünfachsigen Werkzeugmaschinen zu messen und zusammen mit weiteren Daten eine Modellierung zur Vorhersage dieses Verhaltens durchzuführen. Ziel einer solchen Messmethode ist es, bei ausreichend kurzer Messdauer und gleichzeitig kleiner Messunsicherheit möglichst viele relevante thermo-elastische Abweichungen der jeweiligen Maschine zu erfassen. Die Messmethode basiert auf dem dynamischen R-Test, der im Gegensatz zu verbreiteten Messmethoden die Messdaten kontinuierlich während der Maschinenbewegung aufnimmt und dadurch eine stark verkürzte Messdauer aufweist. Für das Vorhersagemodell wurde der Ansatz der PT1-Übertragungsfunktion verwendet, der den Zusammenhang zwischen den thermo-elastischen Abweichungen und den Temperatur- und steuerungsinternen Daten modelliert und daraus das Verhalten der Werkzeugmaschine vorhersagen kann.

Folgende Forschungshypothesen wurden untersucht:

- Durch die Entwicklung der Messmethode des dynamischen R-Tests sowie eines entsprechenden Messprozesses kann der thermo-elastische Zustand von fünfachsigen Werkzeugmaschinen mit einer hohen Anzahl messbarer Abweichungen volumetrisch erfasst werden.
- Durch die Nutzung des hohen Informationsgehalts des entwickelten Messprozesses kann das thermo-elastische Verhalten der fünfachsigen Werkzeugmaschine detailliert analysiert werden und ein robustes Modell zu dessen Vorhersage entwickelt werden.

Zur Untersuchung der Forschungshypothesen wurden zunächst die Messmethode des dynamischen R-Tests und die verwendeten mathematischen Methoden beschrieben. Zu Beginn wurden die Datenerfassungsmethode des dynamischen R-Tests sowie die kinematische Modellierungsmethode basierend auf der homogenen Transformationsmatrix und der B-Spline-Interpolation dargestellt. Im hinteren Teil wurde die Modellierungsmethode der PT1-Übertragungsfunktion an die Problemstellung angepasst. Weiterhin wurde in diesem Teil die Anwendung des Ausgleichsverfahrens zur Identifikation der unbekannten Abweichungen sowie der Übertragungsfunktion und die Auswahl der relevanten Eingangsdaten für das Vorhersagemodell behandelt.

Anschließend wurde der Messprozess entwickelt. Dazu wurde zunächst die Demonstratormaschine vorgestellt, an dem der Messprozess angewendet und die thermische Untersuchung durchgeführt werden soll. Der definierte Messprozess verwendet zwei Kugelpositionen sowie ein Längennormal für die Messung und die Messdauer beträgt ca. 5 Minuten. Zur Analyse der Messunsicherheit mit der Monte Carlo Methode wurden anschließend die möglichen Unsicherheitsquellen des Messprozesses aufgelistet und quantifiziert. Aus der Monte Carlo Methode ergab sich, dass die Modellstufe mit den Lage- und Orientierungsabweichungen, den Positionierabweichungen der Linearachsen sowie der Rotationsachsen und den Geradheitsabweichungen der Linearachsen das optimale Ergebnis liefert. Die stichprobenartige experimentelle Untersuchung bestätigte das Ergebnis der Monte Carlo Methode. Damit konnte die erste Forschungshypothese und das Potenzial des dynamischen R-Tests bestätigt werden.

Anschließend wurde der Messprozess an der Demonstratormaschine genutzt, um deren thermo-elastisches Verhalten unter den verschiedenen Belastungen der einzelnen Achsen bei unterschiedlichen Geschwindigkeiten zu analysieren. Es stellte sich heraus, dass bestimmte Lage- und Orientierungsabweichungen der Linear- und Rotationsachsen sowie Positionierabweichungen der Linearachsen die größten Veränderungen aufwiesen. Basierend auf diesen Erkenntnissen wurde das Modell zur Vorhersage dieser thermo-elastischen Abweichungen aus Temperatur- und Geschwindigkeitsdaten parametriert, wobei die fünf Einzelachsuntersuchungsreihen mit den höchsten Geschwindigkeiten als Trainingsdaten verwendet wurden. Die Validierung an den unabhängigen Untersuchungsreihen mit kombinierten Belastungen zeigte, dass das Vorhersagemodell mit der optimalen Modellstufe (Modellstufe mit den Lage- und Orientierungsabweichungen und den Positionierabweichungen der Linearachsen) die einzelnen thermo-elastischen Abweichungen um bis zu 80 % reduzieren kann. Die Verbesserung gegenüber den Modellstufen, die nur Lageabweichungen bzw. Lage- und Orientierungsabweichungen beinhalten und mit den gängigen Messmethoden des Standes der Technik messbar sind, betrug teilweise über 50 %. Damit konnte die zweite Forschungshypothese bestätigt werden.

Um die grundsätzliche Übertragbarkeit der o.g. Aussagen auf andere Werkzeugmaschinen zu validieren, wurde der Messprozess auf eine zweite Demonstratormaschine mit einer anderen fünfachsigen Kinematik übertragen. Hierbei wurden die Untersuchungen vereinfacht nur für die Belastungen der Linearachsen durchgeführt. Die Ergebnisse der Messunsicherheitsanalyse und der thermischen Untersuchungen zeigten eine ähnliche Tendenz wie bei der ersten Demonstratormaschine und bestätigten ebenfalls die beiden Forschungshypothesen.

Insgesamt konnte diese Arbeit das Potential des entwickelten Messprozesses zur Analyse des thermo-elastischen Verhaltens von fünfachsigen Werkzeugmaschinen aufzeigen. Jedoch wurde der Messprozess zunächst nur für die SINUMERIK-Steuerungen der Siemens AG sowie für die beiden eingesetzten Werkzeugmaschinen bzw. Kinematiken validiert. Es besteht daher weiterer Forschungsbedarf, um die Einsatzmöglichkeiten dieses Messprozesses zu erweitern. In der Industrie sind verschiedene fünfachsige Werkzeugmaschinen mit unterschiedlicher Größe, Kinematik und Steuerung im Einsatz. Es ist daher sinnvoll, die Einsatzmöglichkeit des Messprozesses entsprechend zu erweitern und die Leistungsfähigkeit sowie die Grenzen des Messprozesses zu untersuchen. So kann die Industrie davon profitieren.

Die Analyse sowie die Modellierung des thermo-elastischen Verhaltens setzt die geometrische Genauigkeit der Werkzeugmaschine voraus. Für die geometrische Kalibrierung sind in der Industrie bereits verschiedene Messmethoden verfügbar [SCHW08]. Im Vergleich zur thermo-elastischen Analyse wird die Messmethode der geometrischen Kalibrierung in der Regel seltener eingesetzt und stellt geringere Anforderungen an die Messdauer. Eine kurze Messdauer ist jedoch auch bei der geometrischen Kalibrierung von Vorteil. Daher hat der dynamische R-Test auch für die geometrische Kalibrierung ein großes Potential. Für die neuen Anforderungen muss jedoch der Messprozess optimiert und die Messunsicherheitsanalyse neu durchgeführt werden. Die Unsicherheitsquellen können dabei andere sein als in dieser Arbeit, da z.B. die steifigkeitsbedingten Abweichungen nun als eine Unsicherheitsquelle eine große Rolle spielen und auch die Größen der anderen Unsicherheitsquellen je nach Messprozess sehr unterschiedlich sein können.

Die Untersuchungen in dieser Arbeit konzentrierten sich auf den Einsatz des Messprozesses zur Analyse und Modellierung von den Bewegungsachsen, d.h. Linear- und Rotationsachsen. Im realen Einsatz der Werkzeugmaschine können weitere Einflüsse durch den Bearbeitungsprozess oder den Kühlschmierstoff auftreten. Der Messprozess kann zur Analyse dieser weiteren Einflüsse eingesetzt werden. Insgesamt lieferte das in dieser Arbeit entwickelte Vorhersagemodell gute Ergebnisse. Allerdings zeigen die Ergebnisse auch, dass z.B. eine Lageabweichung der ersten Demonstratormaschine bei gleichzeitiger Belastung der Linear- und Rotationsachsen nicht gut vorhergesagt werden kann. Dieses Phänomen kann auf den komplexen Zusammenhang zwischen den Stellgrößen und der Abweichung zurückgeführt werden und zeigt die Schwäche des verwendeten Modellierungsansatzes. Durch die Berücksichtigung der kombinierten Achsbelastungen als Parametrierungsdaten könnte das Modell diesbezüglich verbessert werden. Hierbei ist jedoch die Wirtschaftlichkeit zu berücksichtigen, da der Aufwand für die Parametrierung in der Industrie möglichst geringgehalten werden sollte. Für eine robuste Modellierung können weitere alternative Modellierungsmethoden im Zusammenhang mit dem entwickelten Messprozess untersucht werden. Eine Möglichkeit stellt der integrale Verformungssensor dar [KLAT19]. Dieser Sensor besteht aus CFK mit einem geringen thermischen Ausdehnungskoeffizienten und kann die Strukturverformungen der Maschine direkt messen. Das Vorhersagemodell kann somit kinematisch ohne Parametrierungsdaten erstellt werden. Der entwickelte Messprozess kann zur Analyse dieses Vorhersagemodells und darüber hinaus auch zur Verbesserung dieses Modells (hybride Modellierung) mit weiteren Daten ähnlich wie in [BREC19b, NAUM18] verwendet werden.

Summary and Outlook

In this thesis, a measurement method was developed, investigated, and validated which can measure the thermo-elastic behaviour of five-axis machine tools and, together with further data, carry out modelling to predict this behaviour. The method aims to measure as many relevant thermo-elastic errors of the respective machine tool as possible with a sufficiently short measurement duration and, at the same time, low measurement uncertainty. The measurement method is based on the measuring principle of the dynamic R-Test, which, in contrast to common methods, records the measurement data continuously during the machine movement and can thus have a greatly reduced measurement duration. For the prediction model, the approach of the PT1 transfer function was used, which connects the thermo-elastic errors with the temperature and controller-internal data and can predict the behaviour of the machine tool from this data.

The following research hypotheses were investigated:

- The thermo-elastic state of five-axis machine tools can be measured volumetrically with a high number of measurable errors by developing the measurement method based on the dynamic R-Test and a corresponding measurement process.
- By using the high information content of the developed measurement process, the thermo-elastic behaviour of the five-axis machine tool can be analysed in detail and a robust model for its prediction can be developed.

To evaluate the research hypotheses, the measurement method of the dynamic R-Test and the mathematical methods used were first described in Chapter 4. In the former part, the data acquisition method of the dynamic R-Test as well as the kinematic modelling method based on the homogeneous transformation matrix and B-spline interpolation were presented. In the latter part, the modelling method with the PT1 transfer function was adapted to the problem. Furthermore, the application of the algorithm to identify the unknown errors as well as the transfer function and the selection of the relevant input data for the prediction model were dealt with in this part.

The measurement process was then developed. For this purpose, the demonstrator machine tool was first presented on which the measurement process is to be applied and the thermal investigations to be carried. The defined measurement process uses two ball positions and a length standard for the measurement and requires approximately 5 minutes of measurement duration. For the analysis of the measurement uncertainty with the Monte Carlo method, the possible measurement uncertainty sources of the measurement process were then listed and quantified. The Monte Carlo method showed that the error model with the location and orientation errors, the positioning errors of the axes and the straightness errors of the linear axes provides the optimal result with a sufficiently small measurement uncertainty of the individual errors. The experimental investigation with randomly chosen samples showed similar results as in the Monte Carlo method. This confirmed the first research hypothesis and the potential of the dynamic R-Test.

Within the thermal investigations, the measurement process was used on the demonstrator machine to analyse its thermo-elastic behaviour under the various loads of the individual axes at different speeds. It turned out that certain location and orientation errors of the linear and rotary axes as well as positioning errors of the linear axes shows the greatest changes. Based on these findings, the model for predicting thermo-elastic behaviour from temperature and velocity data was parametrised, using the five investigation series with simple uniaxial loads as training data. The validation on the independent investigation series with combined axes loads showed that the prediction model with the optimal error model can reduce the individual thermo-elastic errors by up to 80 %. The improvement compared to the error model with only location and orientation errors, measurable with the common measurement methods of the state of the art, was up to more than 50 %. This confirmed the second research hypothesis.

In order to validate the basic transferability of the statements above to other machine tools, the measurement process was transferred to the second demonstrator machine with a different five-axis kinematic. Here, the investigations were simplified and carried out only for the loads of the linear axes. The results of the measurement uncertainty analysis and the thermal investigations showed a similar tendency as with the first demonstrator machine and also confirmed the two research hypotheses.

Overall, this thesis demonstrates the potential of the developed measurement process for the analysis of the thermo-elastic behaviour of five-axis machine tools. However, the measurement process was only validated for the SINUMERIK controllers from Siemens AG and for the applied two machine tools and kinematics. Therefore, further research to extend the application possibilities of this measurement process is needed. Various five-axis machine tools with different sizes, kinematics, and controllers are used in the industry. It, therefore, makes sense to extend the measurement process accordingly and to investigate its performance and limitations.

The analysis as well as the modelling of the thermo-elastic behaviour require the geometric accuracy of the machine tool. Various methods are already available in the industry for the geometric calibration of five-axis machine tools [SCHW08]. Compared to thermo-elastic analysis, the measurement method of geometric calibration is generally used less frequently and places lower demands on the measurement duration. However, a short measurement duration is still an advantageous for geometric calibration. Therefore, the dynamic R-Test also has great potential for geometric calibration. For the new requirements of the geometric calibration, however, the measurement process must be optimised and the measurement uncertainty analysis must be carried out anew. The sources of uncertainty can be different from those in this thesis, since for example the stiffness-related deviations play a major role as an uncertainty source and the magnitudes of the other uncertainty sources can also vary depending on the measurement process.

This thesis concentrated on the use of the developed measurement process for the analysis and modelling of the movement axes, e.g., linear and rotary axes. In real use of the machine tool, further influences can occur due to the machining process or the cooling lubricant. Thus, the measurement process can be used to analyse these further influences. Furthermore, the prediction model developed in this work could reduce the thermo-elastic errors overall. However, the results also showed that, for example, a location error of the first demonstrator machine cannot be predicted well when the linear and rotary axes are loaded simultaneously. This phenomenon can be attributed to the complex relationship between the control variables and the error and shows the weakness of the used modelling approach. By considering the combined axes loads as training data, the model could be improved in this respect. However, the economic efficiency has to be taken into account, as the effort for the training in the industry should be kept as low as possible. For a robust modelling, further alternative modelling methods can be investigated in connection with the measurement process. One possibility is the integral deformation sensor [KLAT19]. This sensor is made of CFRP with a very low thermal expansion coefficient and can directly measure the structural deformations of the machine. The prediction model can thus be created kinematically without any training data. The developed measurement process can be used to analyse this prediction model and also to improve this model (hybrid modelling) with further data similar to [BREC19b, NAUM18].

9 Literaturverzeichnis

References

[ABBA02] Abbaszaheh-Mir, Y.; Mayer, J.R.R.; Theory and simulation for the identification of the link geometric errors for a five-axis machine tool using a telescoping magnetic ballbar. In: International Journal of Production Research. Bd. 40, 2002, S. 4781-4797

[AIA69] Aerospace Industries Association NAS 979 (1969). Uniform cutting test - NAS series, metal cutting equipment specifications.

[ALAM14] Alami Mchichi, N.; Mayer, J.R.R.: Axis Location Errors and Error Motions Calibration for a Five-axis Machine Tool Using the SAMBA Method. In: Procedia CIRP. Bd. 14, 2014, Nr. 1, S. 305-310

[ALES15] Alessandro, V.; Gianni, C.; Antonio, S.: Axis geometrical errors analysis through a performance test to evaluate kinematic error in a five axis tilting-rotary table machine tool.. In: Precision Engineering, Bd. 39, 2015, S. 224-233

[ANDO11] Andolfatto, L.; Mayer, J.R.R.; Lavernhe, S.: Adaptive Monte Carlo applied to uncertainty estimation in five axis machine tool link errors identication with thermal disturbance. In: International Journal of Machine Tools and Manufacture, Bd. 51, 2011, Nr. 7-8, S. 618-627

[ASTE18] Aster, R. C.; Borchers, B.; Thurber, C. H.: Parameter Estimation and Inverse Problems. 3. Aufl. Oxford, UK: Elsevier, 2018

[AUTO18] Automated Precision, Inc (API): API Machine Tool Calibration. Rockville, USA, 2018. Firmenschrift

[AUTO21] Automated Precision, Inc (API): API Radian 3D Laser Tracker Series. Rockville, USA, 2022. Firmenschrift

[AUTO23] https://apimetrology.com/active-target/ [Stand 15.03.2023]

[BITA18] Bitar-Nehme, E.; Mayer, J.R.R.: Modelling and compensation of dominant thermally induced geometric errors using rotary axes' power consumption. In: CIRP Annals. Bd. 67, 2018, Nr.1, S. 547-650

[BLAS17] Blaser, P.; Pavliček, F.; Mori, K.; Mayr, J.; Weikert, S.; Wegener, K.: Adaptive learning control for thermal error compensation of 5-axis machine tools. In: Journal of Manufacturing Systems. Bd. 44, 2017, S. 302-309

[BOYE15] Boye, T.; Günther, G.; Fritz, M.: Increasing 5-axis accuracy by using a cross-grid encoder for volumetric compensation. In: Proceedings of Lamdamap 13th International Conference & Exhibition, 17. - 18. März 2015, Queensgate, UK

[BEHR23] Behrens, J.: Selbstkalibrierung von 5-Achs-Bearbeitungszentren mit Dreh-/Schwenktisch. Diss. RWTH Aachen, Aachen, 2023

[BREC06] Brecher, C.; Hirsch, P.: Kompensation thermoelastischer Verlagerungen an WZM. In: Tagungsband zum 11. Dresdner Werkzeugmaschinen-Fachseminar, 7.-8. Dezember 2006, Dresden

[BREC15] Brecher, C.; Fey, M.; Wennemer, M.: Volumetric thermo-elastic machine tool behavior. In: Production Engineering. Bd. 9, 2015, Nr. 1, S. 119-124

[BREC17a] Brecher, C.; Weck, M.: Konstruktion, Berechnung und messtechnische Beurteilung (Reihe: Werkzeugmaschinen Fertigungssysteme, Bd. 2). 9. Aufl. Berlin: Springer, 2017.

[BREC17b] Brecher, C.; Behrens, J.; Lee, T. H.; Charlier, S.: Calibration of five-axis tool using R-Test procedure. In: Proceedings of Lamdamap 12th International Conference & Exhibition, 15. - 16. März 2017, Wotton under Edge, UK

[BREC19a] Brecher, C.; Weck, M.: Maschinenarten und Anwendungsbereiche (Reihe: Werkzeugmaschinen Fertigungssysteme, Bd. 1). 9. Aufl. Berlin: Springer, 2019.

[BREC19b] Brecher, C.; Lee, T.H.; Tzanetos, F.; Zonar, D.: Hybrid modeling of thermo-elastic behavior of a three-axis machining center using integral deformation sensors. In: Procedia CIRP. Bd. 81, 2019, S. 1301-1306

[BRIN05] Bringmann, B.; Küng, A.: A Measuring Artefact for true 3D Machine Testing and Calibration. In: CIRP Annals - Manufacturing Technology. Bd. 54, 2005, Nr. 1, S. 471-474

[BRIN06] Bringmann, B.; Knapp, W.: Model-based 'Chase-the-Ball' Calibration of a 5-Axes Machining Center. In: CIRP Annals - Manufacturing Technology. Bd. 55, 2006, Nr. 1, S. 531-534

[BRIN07] Bringmann, B.: Improving geometric calibration methods for multi-axis machining centers by examining error interdependencies effects. Diss. ETH Zürich, Schweiz, 2007

[BRYA82] Bryan, J.: A simple method for testing measuring machines and machine tools. Part 2: Construction details. In: Precision Engineering, Bd. 4, 1982, S. 125-138

[DAHM08] Dahm, W.; Reusken, A.: Numerik für Ingenieure und Naturwissenschaftler. 2. Aufl. Berlin, Heidelberg: Springer, 2008

[DELT21] DELTA LOGIC GmbH: ACCON-AGLink. Schwäbisch Gmünd, Deutschland, 2021. Firmenschrift

[DIN09] Norm DIN EN 60751 (Mai 2009). Industrielle Platin-Widerstandsthermometer und Platin-Temperatursensoren

[DU10] Du, Z.; Zhang, S.: Development of a multi-step measuring method for motion accuracy of NC machine tools based on cross grid encoder. In: International Journal of Machine Tools and Manufacture. Bd. 50, 2010, S. 270-280

[EMAN87] Eman, K. F.: A Generalized Geometric Error Model for Multi-Axis Machines. In: CIRP Annals – Manufacturing Technology. Bd. 36, 1987, Nr. 1, S. 253-256

[ESTL02] Estler, W. T.; Edmundson, K. L.; Peggs, G. N.; Parker, D. H.: Large-Scale Metrology – An Update. In: CIRP Annals - Manufacturing Technology. Bd. 51, 2002, S. 587-609

[FARO21] FARO Technologies, Inc: FARO Vantage Laser Trackers Portable Lösung für die Durchführung groß angelegter, hochpräziser 3D-Messungen. Lake Mary, USA, 2021. Firmenschrift

[FIDI18] Fidia S.P.A.: HMSHead Measuring System. San Mauro Torinese, Italien, 2018. Firmenschrift

[FLOR16] Flore, J.: Optimierung der Genauigkeit fünfachsiger Werkzeugmaschinen. Diss. RWTH Aachen, 2016

[GEBH14] Gebhardt, M.: Thermal behaviour and compensation of rotary axes in 5-axis machine tools. Diss. ETH Zürich, 2014

[GROß15] Großmann, K. (Hrsg.): Thermo-energetic Design of Machine Tools. (Reihe: Lecture Notes in Production Engineering). 1. Aufl. Cham: Springer, 2015

[HEID09] Dr. Johannes Heidenhain GmbH: KinematicsOptCalibration of Rotary Axes and Compensation of the Drift. Traunreut, 2009. Firmenschrift

[HEID21] Dr. Johannes Heidenhain GmbH: Messgerät zur Abnahme und Kontrolle von Werkzeugmaschinen. Traunreut, Deutschland, 2021. Firmenschrift

[HEMU22] HeMuTec GmbH: 5X-Analyzer. Wiesenbach, 2022. Firmenschrift

[HEXA19] Hexagon: Etalon Laser TRACER-NG. Die Systemlösung für Kalibrierung, Kompensation und Verifizierung von Werkzeugmaschinen und Koordinatenmessgeräten, 2019. Firmenschrift

[HONG12a] Hong, C.; Ibaraki, S.; Oyama, C.: Graphical presentation of error motions of rotary axes on a five-axis machine tool by static R-Test with separating the influence of squareness errors of linear axes. In: International Journal of Automation Technology. Bd. 6, 2012, August, Nr. 2, S. 196-204

[HONG12b] Hong, C.; Ibaraki, S.: Observation of Thermal Influence on Error Motions of Rotary Axes on a Five-Axis Machine Tool by Static R-Test. In: International Journal of Machine Tools and Manufacture. Bd. 59, 2012, August, S. 24-33.

[HUGH00] Hughes, B.; Wilson, A.; Peggs, G.: Design of a high-accuracy CMM based on multi-lateration techniques. In: CIRP Annals – Manufacturing Technology, Jg. 49, 2000, Nr. 1, S. 391-394.

[IBAR10] Ibaraki, S.; Iritani, T.; Matsushita T.: Error Calibration on Five-axis Machine Tools by on-the-machine Measurement of Artifacts using a Touch-trigger Probe. In: Proceedings of 4th CIRP International Conference on High Performance Cutting, 2010

[IBAR11] Ibaraki, S.; Oyama, C.; Otsubo, H.: Construction of an error map of rotary axes on a five-axis machining center by static R-Test. In: International Journal of Automation Technology. Bd. 9, 2015, Nr. 4, S. 387-395

[IBAR12] Ibaraki, S.; Knapp. W.: Indirect Measurement of Volumetric Accuracy for Three-Axis and Five-Axis Machine Tools: A Review. In: International Journal of Automation Technology. Bd. 6, 2012, Nr. 2. S. 110-124

[IBAR13] Ibaraki, S.; Iritani, T.; Matsushita T.: Error map construction for rotary axes on five-axis machine tools by on-the-machine measurement using a touch-trigger probe. In: International Journal of Machine Tools and Manufacture. Bd. 68, 2013, S. 21-29

[IBAR14] Ibaraki, S.; Ota, Y.: A machining test to calibrate rotary axis error motions of five-axis machine tools and its application to thermal deformation test. In: International Journal of Machine Tools and Manufacture. Bd. 86, 2014, S. 81-88

[IBAR21] Ibaraki, S.; Okumura, R.: A machining test to evaluate thermal influence on the kinematics of a five-axis machine tool. In: International Journal of Machine Tools and Manufacture. Bd. 163, 2021

[IBS22] IBS Precision Engineering BV: Inspektions- und Analyzer-Lösungen für Werkzeugmaschinen. Eindhoven, Niederlande, 2022. Firmenschrift

[ISO04] Norm ISO 13041-8 (Januar 2004). Test conditions for numerically controlled turning machines and turning centres - Part 8: Evaluation of thermal distortions

[ISO07] Norm ISO 10791-10 (März 2007). Test conditions for machining centres - Part 10: Evaluation of thermal distortions

[ISO09] Norm ISO 10360-1 (Dezember 2009). Geometrische Produktspezifikation (GPS) – Annahmeprüfung und Bestätigungsprüfung für Koordinatenmessgeräte (KMG) – Teil 2: KMG angewendet für Längenmessungen

[ISO12] Norm ISO 230-1 (März 2012) Test code for machine tools - Part 1: Geometric accuracy of machines operating under no-load or quasi-static conditions

[ISO14a] Norm ISO 10791-6 (Dezember 2014) Test conditions for machining centres - Part 6: Accuracy of speeds and interpolations

[ISO14b] Norm ISO 230-2 (Mai 2014) Test code for machine tools - Part 2: Determination of accuracy and repeatability of positioning of numerically controlled axes

[ISO15a] Norm ISO 230-7 (Mai 2015) Test code for machine tools - Part 7: Geometric accuracy of axes of rotation

[ISO15b] Norm ISO 13041-5 (Mai 2015) Test conditions for numerically controlled turning machines and turning centres - Part 5: Accuracy of speeds and interpolations

[ISO18] Norm ISO 230-11 (April 2018) Test code for machine tools - Part 11: Measuring instruments suitable for machine tool geometry tests

[ISO20a] Norm ISO 230-3 (November 2020) Test code for machine tools - Part 3: Determination of thermal effects

[ISO20b] Norm ISO 10791-7 (Januar 2020) Test conditions for machining centres — Part 7: Accuracy of finished test pieces

[ISO22] Norm ISO 230-4 (Februar 2022) Test code for machine tools - Part 4: Circular tests for numerically controlled machine tools

[JATZ11] Jatzkowski, P.: Ressourceneffiziente Kalibrierung von 5-achs Werkzeugmaschinen mit Tracking-Interferometern. Diss. RWTH Aachen, 2011

[JEDR09] Jedrzejewski, J.: Thermal Problems in Machine Tools Design and Operation. In: Mekid, S. (Hrsg.): Introduction to Precision Machine Design and Error Assessment. Boca Raton, USA: CRC Press, 2009, S. 75-127

[JIAN15] Jiang, Z.; Song, B.; Zhou, X.; Tang, X.; Zheng, S.: On-machine measurement of location errors on five-axis machine tools by machining tests and a laser displacement sensor. In: International Journal of Machine Tools and Manufacture, Bd. 95, 2015, S. 1-12

[JUNG00] Jungnickel, G.: Simulation des thermischen Verhaltens von Werkzeugmaschinen. Schriftenreihe des Lehrstuhls für Werkzeugmaschinen. TU Dresden, 2010

[JYWE10] Schutzrecht US 7,852,478 B1 (14.12.2010). Jywe, W.; Liu, C.; Hsu, T.; Hsu, H.: Detecting assembly for a multi-axis machine tool

[JYWE12] Jywe, W.; Hsu, T.; Liu, C. H.: Non-bar, an optical calibration system for five-axis CNC machine tools. In: International Journal of Machine Tools and Manufacture, Bd. 59, 2012, S. 16-23

[KAKI87] Kakino, Y.; Ihara, Y.; Nakatsu, Y.; Okamura, K.: The Measurement of Motion Errors of NC Machine Tools and Diagnosis of their Origins by Using Telescoping Magnetic Ball Bar Method. In: CIRP Annals, Bd. 36, 1987, S. 377-380

[KIM03] Kim, K.-D.; Chung, S.-C.: On-machine inspection system: accuracy improvement using an artifact. In: Journal of Manufacturing Systems. Bd. 22, 2003, Nr. 4, S. 299-308

[KIM04] Kim, K.-D.; Chung, S.-C.: Synthesis of the 3D artefact for quick identification of thermal errors in machine tools. In: International Journal of Production Research. Bd. 42, 2004, Nr. 6, S. 1167-1187

[KLAT19] Klatte, M.; Korrekturmodelle thermisch bedingter TCP-Verlagerungen mit Hilfe maschinenintegrierter Verformungssensoren. Diss. RWTH Aachen, 2019

[KLOC11] Klocke, F.: Manufacturing Processes 1. (Reihe: RWTHedition) Berlin, Heidelberg, New York: Springer, 2011

[KNAP83] Knapp, W.; Matthias E.: Test of the Three-Dimensional Uncertainty of Machine Tools and Measuring Machines and its Relation to the machine Errors. In: CIRP Annals, Bd. 32, 1983, S. 459-464

[KNAP99] Knapp, W.; Weickert, S.: Testing the Contouring Performance in 6 Degrees of Freedom. In: CIRP Annals, Bd. 48, 1999, S. 433-436

[KOLB07] Kolb & Baumann GmbH & Co. KG: Kugelplatte KOBA-check System KK 25 zur Abnahme und periodischen Überwachung von Koordinatenmessgeräten. Barsbüttel, Deutschland, 2007. Firmenschrift

[KUNZ91] Kunzmann, H.; Trapet, E.; Wäldele, F.: A Uniform Concept for Calibration, Acceptance Test, and Periodic Inspection of Coordinate Measuring Machines Using Reference Objects. In: CIRP Annals – Manufacturing Technology, Bd. 39, 1990, Nr.1, S. 561-564

[LAI97] Lai, J.-M.; Liao, J.-S.; Chieng, W.-H.: Modeling and analysis of nonlinear guideway for double-ball bar (DBB) measurement and diagnosis. In: International Journal of Machine Tools and Manufacture, Bd. 37, 1997, S. 687-707

[LAME10] Lamers, R.: When precision cannot stand the heat. In: Mikroniek: Professional journal on precision engineering. Bd. 50, 2010, Nr. 5, S. 39-43

[LAU86] Lau, K.; Hocken, R. J.; Haight, W. C.: Automatic laser tracking interferometer system for robot metrology. In: Precision Engineering, Bd. 8, 1986, Nr. 1, S. 3-8

[LAWS74] Lawson, C. L.; Hanson, R. J.: Solving Least Square Problems. Englewood Cliffs: Prentice-Hall, Inc., 1974

[LEE03] Lee, S.; Yoo, J-H.; Yang, M-S.: Effect of thermal deformation on machine tool slide guide motion. In: Tribology International, Bd. 36, 2003, Nr.1, S. 41-47

[LEE07] Lee, K-J.; Donmez, M. A.: Repeatability Analysis on the Tool Point Dynamics for Investigation on Uncertainty in Milling Stability. In: ASME Conference Proceedings IMECE2007, Bd. 3, 2007, S. 477-485

[LINA14] Linares, J. M.; Chaves-Jacob, J.; Schwenke, H.; Longstaff, A.; Fletcher, S.; Flore, J.; Uhlmann, E.; Wintering, J.: Impact of measurement procedure when error mapping and compensating a small CNC machine using a multilateration laser interferometer. In: Precision Engineering. Bd. 38, 2014, Nr. 3, S. 578-588

[LOS18] Los, A.; Mayer, J.R.R.: Application of the adaptive Monte Carlo method in a five-axis machine tool calibration uncertainty estimation including the thermal behavior. In: Precision Engineering, Bd. 53, 2018, S. 17-25

[MAHB97] Mahbubur, R. MD.; Heikkala, J.; Lappalainen, K.; Karjalainen, J. A.: Positioning accuracy improvement in five-axis milling by post processing. In: International Journal of Machine Tools and Manufacture. Bd. 37, 1997, S. 223-236

[MAIE09] Schutzrecht DE 10 2005 008 055 B4 (02.01.2009). Maier, M.; Kettemer, R.: Verfahren zum Vermessen einer programmgesteuerten Werkzeugmaschine

[MAYE12] Mayer, J.R.R.; Rahman, Md. M.; Los, A.: An uncalibrated cylindrical indigenous artefact for measuring inter-axis errors of a five-axis machine tool. In: CIRP Annals - Manufacturing Technology. Bd. 64, 2015, Nr. 1, S. 515-518

[MAYE15] Mayer, J.R.R.: Five-axis machine tool calibration by probing a scale enriched reconfigurable uncalibrated master balls artefact. In: CIRP Annals - Manufacturing Technology. Bd. 61, 2012, Nr. 1, S. 487-490

[MAYR12] Mayr, J.; Jedrzejewski, j.; Uhlmann, E.; Alkan Domez, M.; Knapp, W.; Härtig, F.; Wendt, K.; Moriwaki, T.; Shore, P.; Schmitt, R.; Brecher, C.; Würz, T.; Wegener, K.: Thermal issues in machine tools. In: CIRP Annals – Manufacturing Technology. Bd. 61, 2012, S. 771-791

[MAYR15] Mayr, J.; Egeter, M.; Weikert, S.; Wegener, K.: Thermal error compensation of rotary axes and main spindles using cooling power as input parameter. In: Journal of Manufacturing Systems. Bd. 37, 2015, S. 542-549

[MÖHR15] Möhring, H.-C.; Brecher, C.; Abele, E.; Fleischer, J.; Bleicher, F.: Materials in machine tool structures. In: CIRP Annals. Bd. 64, 2015, Nr. 2, S. 725-748

[MONT19] Montavon, B.; Dahlem, P.; Schmitt, R. H.: Fast Machine Tool Calibration using a single Laser Tracker. In: In: Proceedings of Lamdamap 13th International Conference & Exhibition, 13. - 14. März 2019, Sheffield, UK

[MURR15] Murray, D.; Lee, K.; Koziniec, T.; Dixon, M.: Measuring the reliability of 802.11 WiFi networks. In: Sixth IEEE International Conference on Internet Technologies & Applications, September 2015, Wrexham, North Wales, S. 231-236.

[NAUM18] Naumann, C.; Brecher, C.; Baum, C.; Tzanetos, F.: Hybrid Correction of Thermal Errors using Temperature and Deformation Sensors. In: 1st Conference on Thermal Issues in Machine Tools, 21. - 23. März 2018 2018, Dresden

[OHM16] Ohm, J.: Multimedia Content Analysis. Springer Verlag Berlin Heidelberg, 2016

[PAHK97] Pahk, H. J.; Kim, Y. S.; Moon, J. H.: A new technique for volumetric error assessment of CNC machine tools incorporating ball bar measurement and 3D volumetric error model. In: International Journal of Machine Tools and Manufacture. Bd. 37, 1997, S. 1583-1596

[PIEG97] Piegl, L; Tiller, W.: The NURBS book. 2. Aufl. Berlin, Heidelberg: Springer, 1997

[RAHM15] Rahman, Md. M.; Mayer, J.R.R.: Five axis machine tool volumetric error prediction through an indirect estimation of intra- and inter-axis error parameters by probing facets on a scale enriched uncalibrated indigenous artefact. In: Precision Engineering, Bd. 40, 2015, S. 94-105

[RAUC10] Rauch, M.; Xun, X.: Five-axis machining: technologies and challenges. In: International Journal of Manufacturing Research, Bd. 5, 2010, Nr. 3, S. 327-352

[RENI13] Renishaw plc: QC20-W wireless ballbar system description and specifications. Wotton-under-Edge, UK, 2013. Firmenschrift

[RENI19] Renishaw plc: XM-60 multi axis calibrator. Gloucestershire, UK, 2019. Firmenschrift

[SCHM22] Schmetz, A.; Lee, T. H.; Zontar, D.; Brecher, C.: The Time Synchronization Problem in data-intense Manufacturing. In: Procedia CIRP. Bd. 107, 2022, S. 827-832

[SCHR93] Schröer, K.; Identifikation von Kalibrationsparametern kinematischer Ketten. Diss. TU Berlin, 1993

[SCHT96] Schmitt, T.: Modell der Wärmeübertragungsvorgänge in der mechanischen Struktur von CNC-gesteuerten Vorschubsystemen. Diss. TH Darmstadt, 1996

[SCHW02] Schwenke, H.; Neuschaefer-Rube, U.; Pfeifer, T.; Kunzmann, H.: Optical Methods for Dimensional Metrology in Production Engineering. In: CIRP Annals - Manufacturing Technology. Bd. 51, 2002, Nr. 2, S. 685-699

[SCHW03] Schutzrecht DE10339194A1 (22.08.2003). Schwenke, H.; Wendt, K.; Hannaford, J.: Verfahren zur Ermittlung systematischer geometrischer Abweichunen in technischen Mehrkörpersystemen

[SCHW05] Schwenke, H.; Franke, M.; Hannaford, J.: Error Mapping of CMMs and Machine Tools by a Single Tracking Interferometer. In CIRP Annals. Bd. 54, 2005, Nr. 1, S. 475-478

[SCHW08] Schwenke, H.; Knapp, W.; Haitjema, H.; Weckenmann, A.; Schmitt, R.; Delbressine, F.: Geometric error measurement and compensation of machines—An update. In: CIRP Annals - Manufacturing Technology. Bd. 57, 2008, Nr. 2, S. 660-675

[SCHW09] Schwenke, H.; Schmitt, R.; Jatzkowski, P.; Warmann, C.: On-the-fly calibration of linear and rotary axes of machine tools and CMMs using a tracking interferometer. In: CIRP Annals - Manufacturing Technology. Bd. 58, 2009, Nr. 1, S. 477-480

[SIEM17] Siemens AG: SINUMERIK 840D sl Messzyklen. Nürnberg, 2017. Firmenschrift

[SIOS19] SIOS Messtechnik GmbH: SP 15000 C5 mit kompakter Geradheitsmessung. Ilmenau, Deutschland, 2019. Firmenschrift

[SIOS20] SIOS Messtechnik GmbH: SP 500 TR Dreistrahl-Laserinterferometer für simultane und genaue Längen-, Nick- und Gierwinkelmessungen. Ilmenau, Deutschland, 2020. Firmenschrift

[SOON92] Soons, J. A.: Modeling the errors of Multi-axis machines: a general methodology. In: Precision Engineering. Bd. 14, 1992, Nr. 1, S.5-19

[TRAN21] Tran, C.; Hsieh, T.; Jywe, W.: Laser R-Test for Angular Positioning Calibration and Compensation of the Five-Axis Machine Tools. In: Applied Sciences. Bd. 11, 2021, Nr. 20: 95017

[WAGN17] Wagner, P.; Werkzeugschnittstellen für Drehmaschinen. Diss. RWTH Aachen, 2017

[WEIK04] Weikert, S.: R-Test, a New Device for Accuracy Measurements on Five Axis Machine Tools. In: CIRP Annals - Manufacturing Technology. Bd. 53, 2004, Nr. 1, S. 429-432

[WENN18] Wennemer, M.: Methode zur messtechnischen Analyse und Charakterisierung volumetrischer thermo-elastischer Verlagerungen von Werkzeugmaschinen. Diss. RWTH Aachen, Aachen, 2018

[WUYI10] Wuyi C.: Systematic Geometric Error Modeling for Workspace Volumetric Calibration of a 5-axis Turbine Blade Grinding Machine. In: Chinese J. of Aeronautics. Bd. 23, 2010, Nr. 5, S.604-615

[ZHAN91] Zhang, G. X.; Zang, Y. F.: A Method for Machine Geometry Calibration Using 1-D Ball Array. In: CIRP Annals – Manufacturing Technology, Bd. 40, 1991, Nr.1, S. 519-522

[ZHU10] Zhu, W.; Wang, Z.; Yamazaki, K.: Machine tool component error extraction and error compensation by incorporating statistical analysis. In: International Journal of Machine Tools and Manufacture. Bd. 50, 2010, S. 798-806

10 Anhang

Appendix

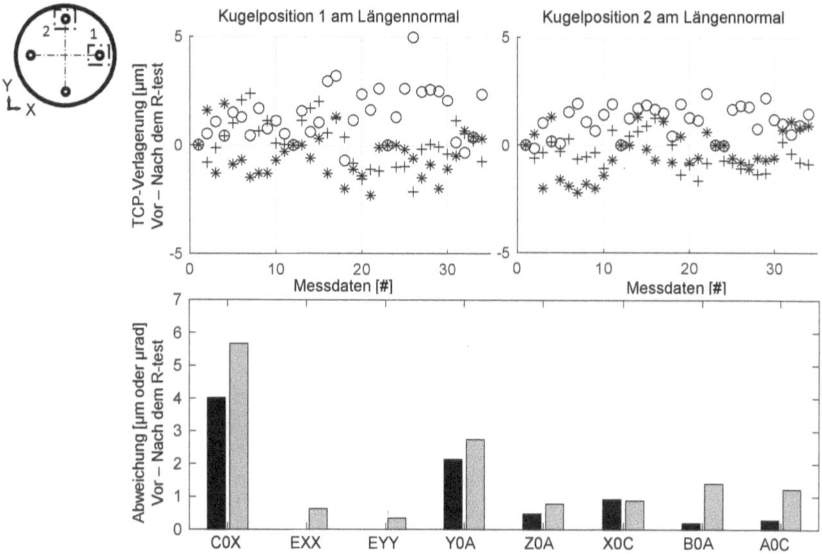

Bild 10.1: Änderung der Messwerte an den Kugelpositionen 1 und 2 (oben) während des dynamischen R-Tests an vier Kugelpositionen und die daraus berechneten Abweichungen

Change in the measured values at ball positions 1 and 2 (top) during the dynamic R-Test on four ball positions and the errors calculated from them

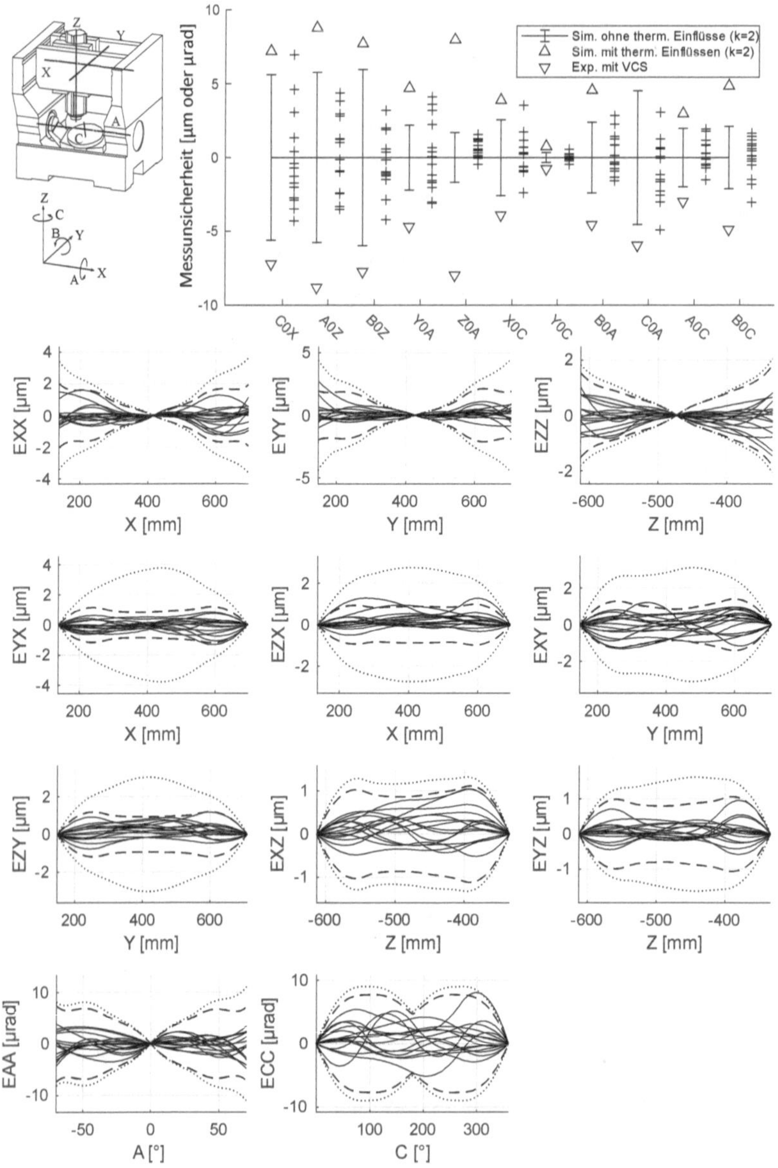

Bild 10.2: Messunsicherheiten von den Abweichungen der Modellstufe 4 mit vier Spline-Intervallen. Vergleich der Ergebnisse aus der Monte Carlo Methode sowie der experimentellen Untersuchungen

Measurement uncertainties of error model level 4 with four spline intervals. Comparison of the results from the Monte Carlo method and the experimental investigations

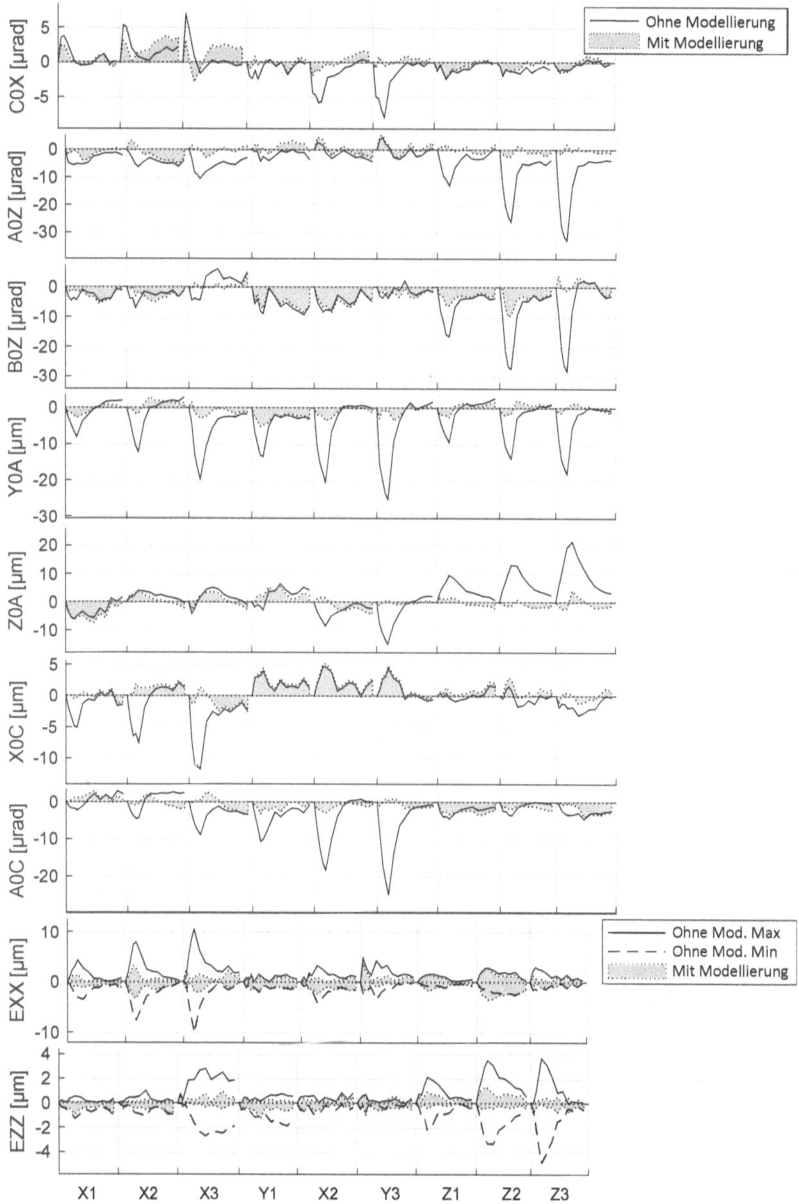

Bild 10.3: Thermo-elastische Abweichungen ohne und mit Modellierung bei allen Untersuchungsreihen der Einzelachsbelastungen der Linearachsen

Thermo-elastic errors without and with modelling for all test series of the single axis loads of the linear axes

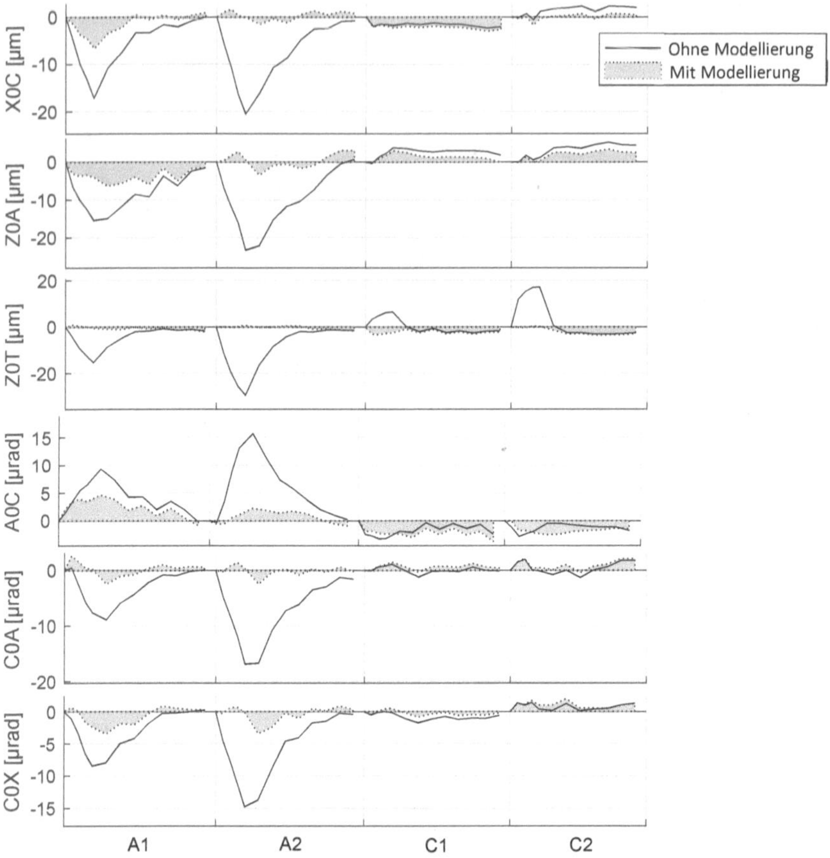

Bild 10.4: Thermo-elastische Abweichungen ohne und mit Modellierung bei allen Untersuchungsreihen der Einzelachsbelastungen der Rotationsachsen

Thermo-elastic errors without and with modelling for all test series of the single axis loads of the rotary axes

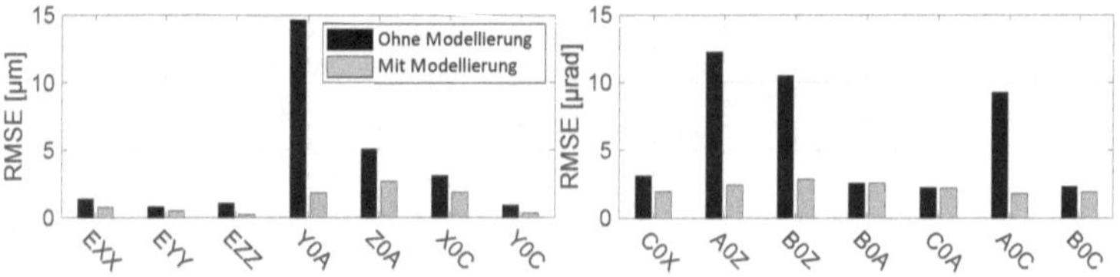

Bild 10.5: RMSE der thermo-elastischen Abweichungen ohne und mit Modellierung bei den kombinierten Belastungen der Linearachsen

RMSE of the thermo-elastic errors without and with modelling for the combined loads of the linear axes

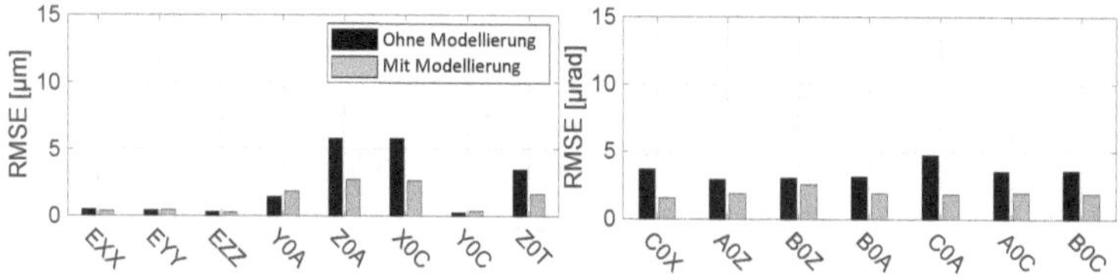

Bild 10.6: RMSE der thermo-elastischen Abweichungen ohne und mit Modellierung bei den kombinierten Belastungen der Rotationsachsen

RMSE of the thermo-elastic errors without and with modelling for the combined loads of the rotary axes

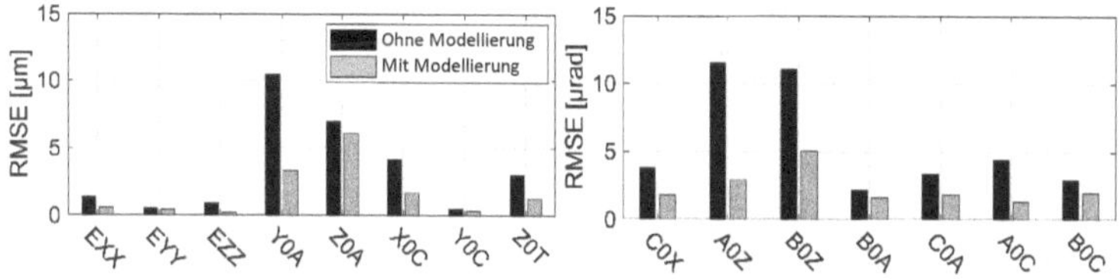

Bild 10.7: RMSE der thermo-elastischen Abweichungen ohne und mit Modellierung bei den kombinierten Belastungen aller Bewegungsachsen

RMSE of the thermo-elastic errors without and with modelling for the combined loads of all movement axes

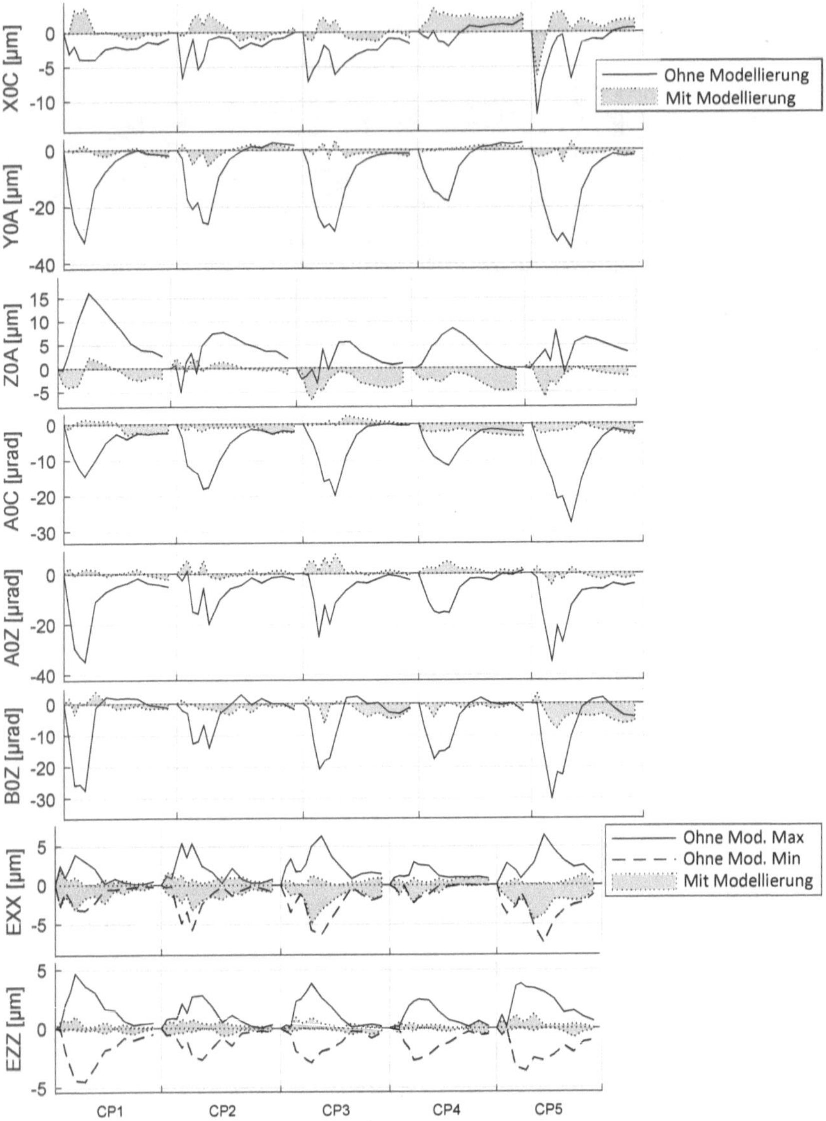

Bild 10.8: Thermo-elastische Abweichungen ohne und mit Modellierung bei den kombinierten Untersuchungsreihen der Linearachsen

Thermo-elastic errors without and with modelling in the combined test series of the linear axes

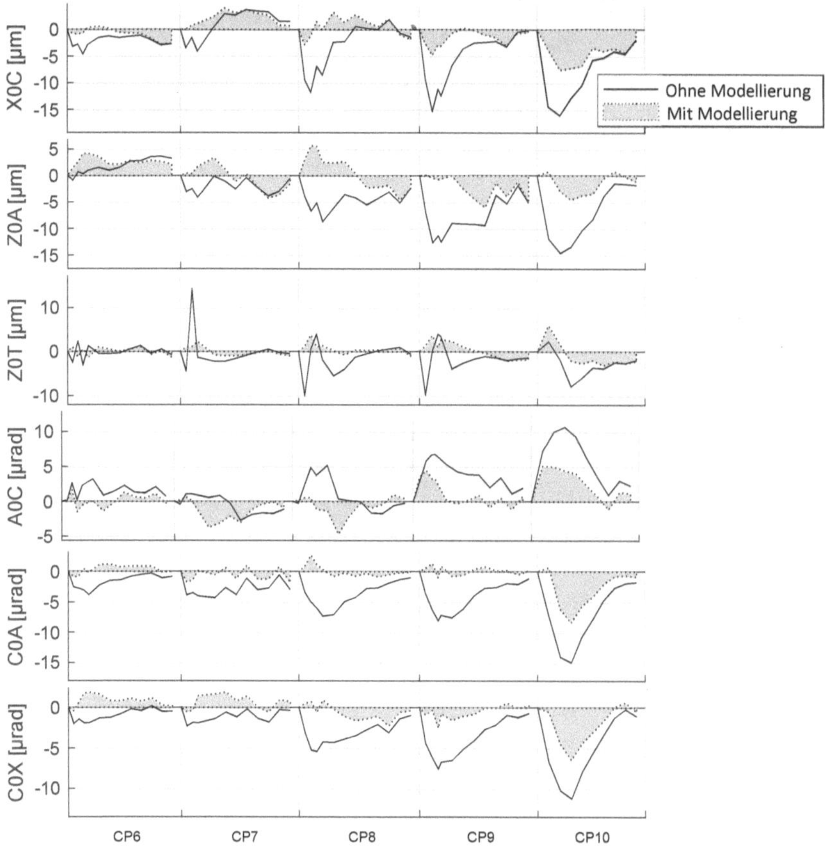

Bild 10.9: Thermo-elastische Abweichungen ohne und mit Modellierung bei den kombinierten Untersuchungsreihen der Rotationsachsen

Thermo-elastic errors without and with modelling in the combined test series of the rotary axes

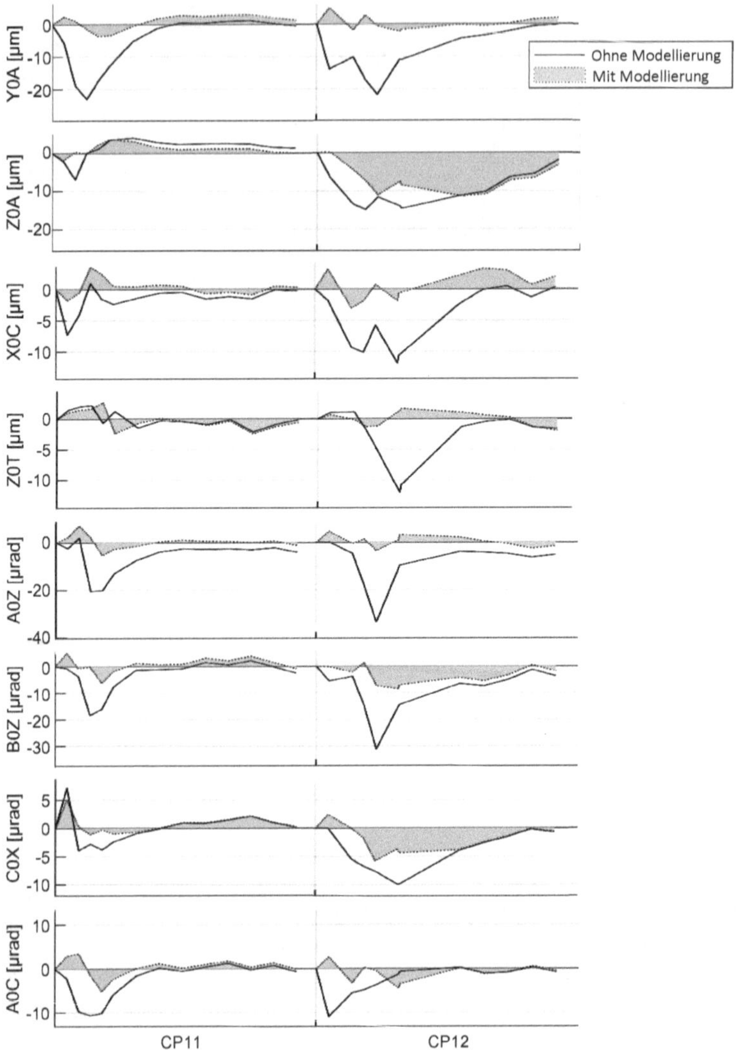

Bild 10.10: Thermo-elastische Abweichungen ohne und mit Modellierung bei den kombinierten Untersuchungsreihen aller Achsen

Thermo-elastic errors without and with modelling in the combined test series of all axes

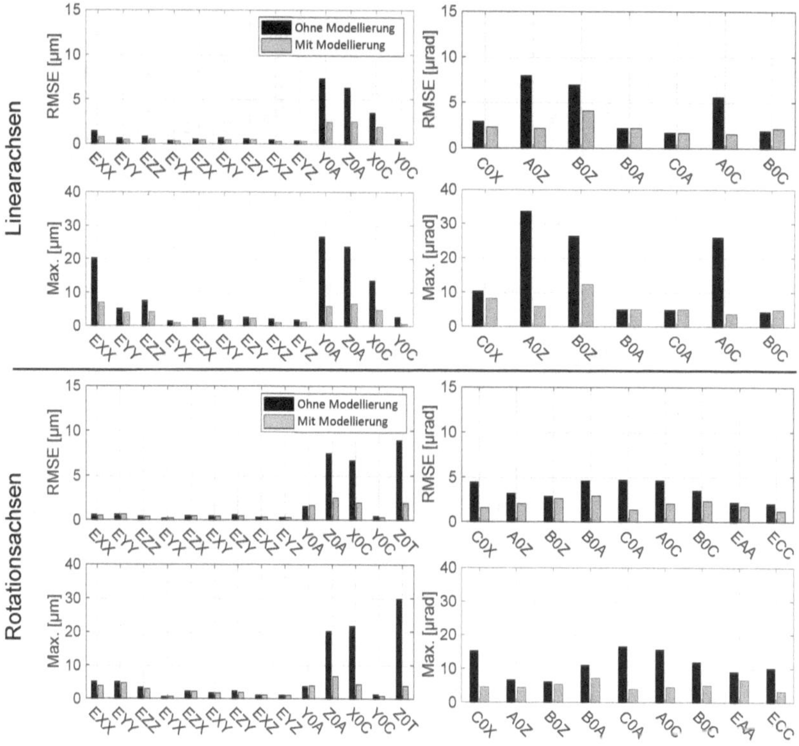

Bild 10.11: Maximum und RMSE der thermo-elastischen Abweichungen der Modellstufe 4 ohne und mit Modellierung bei den Untersuchungsreihen der Einzelachsbelastungen

Maximum and RMSE of the thermo-elastic errors of the error model level 4 without and with modelling at the test series of the single axis loads

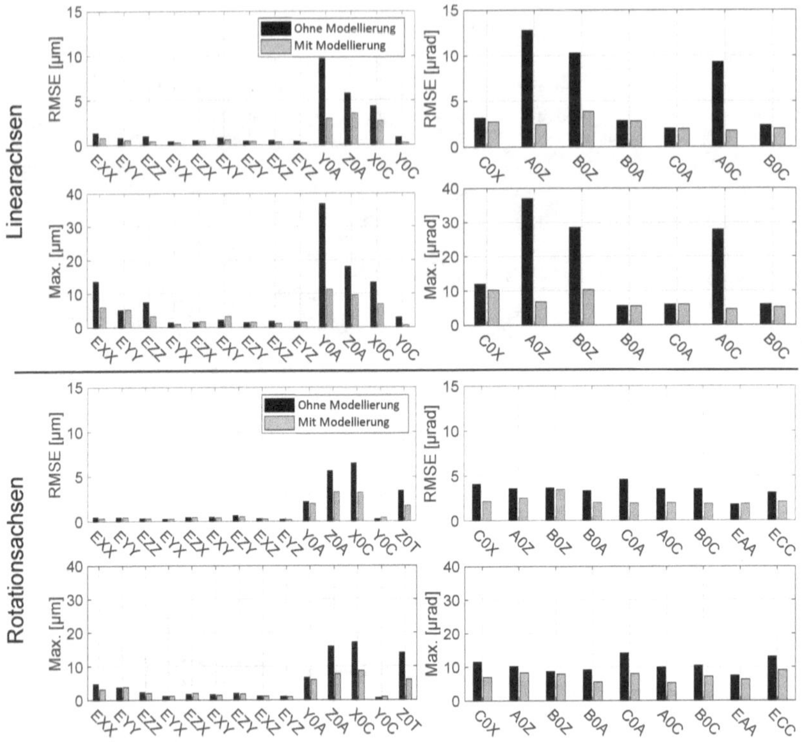

Bild 10.12: Maximum und RMSE der thermo-elastischen Abweichungen der Modellstufe 4 ohne und mit Modellierung bei den Untersuchungsreihen der kombinierten Belastungen

Maximum and RMSE of the thermo-elastic errors of the error model level 4 without and with modelling at the test series of the combined loads

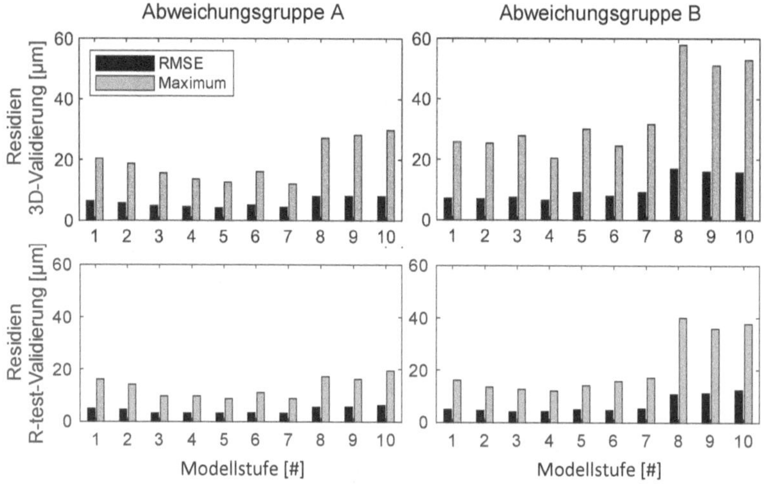

Bild 10.13: Ergebnisse der Monte Carlo Methode für die methodisch bedingten und thermisch bedingten Unsicherheiten bei der zweiten Demonstratormaschine

Results of the Monte Carlo method for the methodological and thermal uncertainties in the second demonstrator machine

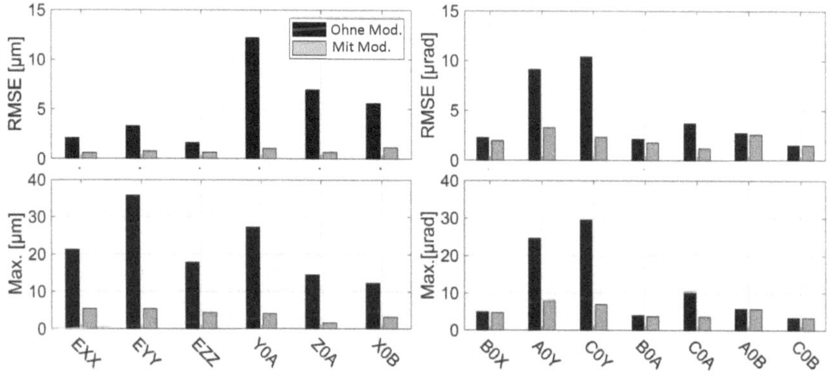

Bild 10.14: Maximum und RMSE der thermo-elastischen Abweichungen ohne und mit Modellierung bei den Untersuchungsreihen der Einzelachsbelastungen (zweite Demonstratormaschine)

Maximum and RMSE of the thermo-elastic errors without and with modelling at the test series of the single axis loads (second demonstrator machine)

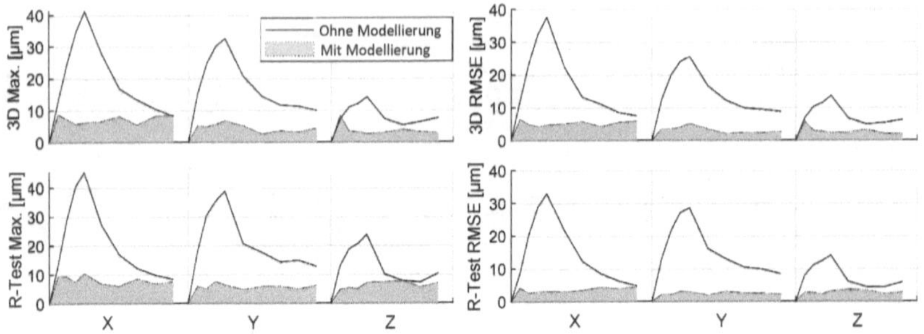

Bild 10.15: Ergebnisse der 3D- sowie R-Test-Validierung bei den Untersuchungsreihen der Einzelachsbelastungen (zweite Demonstratormaschine)

Results of the 3D and R-Test validation for the test series of the single axis loads (second demonstrator machine)

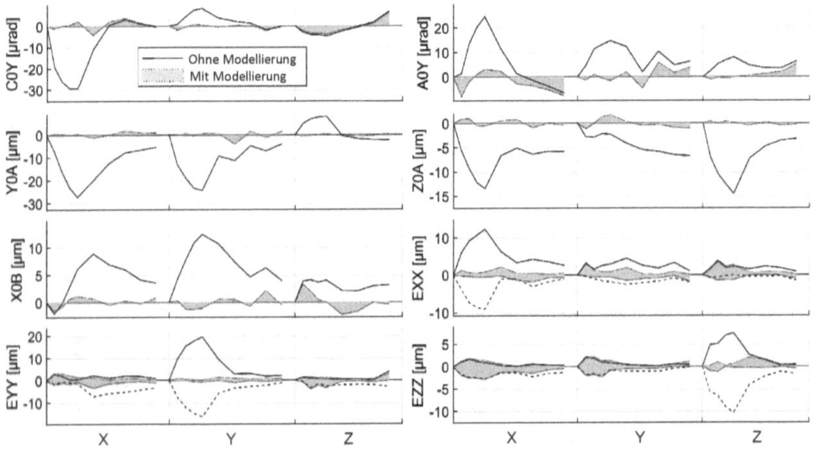

Bild 10.16: Thermo-elastische Abweichungen ohne und mit Modellierung bei den Untersuchungsreihen der Einzelachsbelastungen (zweite Demonstratormaschine)

Thermo-elastic errors without and with modelling at the test series of the single axis loads (second demonstrator machine)

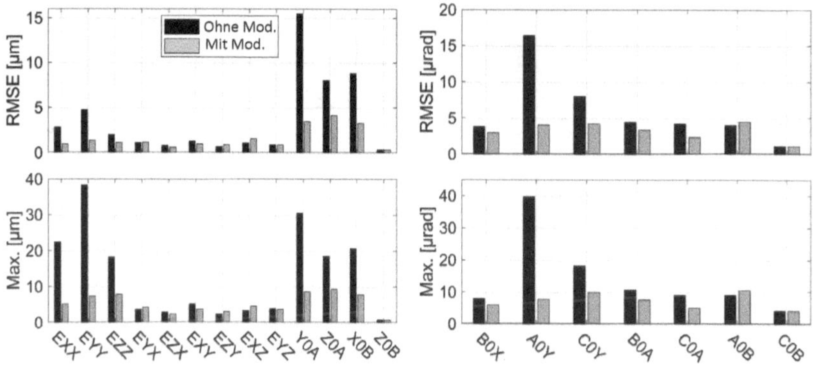

Bild 10.17: Maximum und RMSE der thermo-elastischen Abweichungen der Modellstufe 6 ohne und mit Modellierung bei den Untersuchungsreihen der kombinierten Belastungen

Maximum and RMSE of the thermo-elastic errors of the error model level 6 without and with modelling at the test series of the combined loads

In der Reihe **Ergebnisse aus der Produktionstechnik** zuletzt erschienen:

Lee, Tae Hun:
Messung und Modellierung der thermo-elastischen Abweichungen von fünfachsigen Werkzeugmaschinen
ISBN: 978-3-98555-294-8
Erscheinungsdatum:12.08.2025

Schollemann, Alexander:
Strategische Ausrichtung nachhaltiger Produktionsnetzwerke
ISBN: 978-3-98555-293-1
Erscheinungsdatum: 15.07.2025

Welschof, Lukas:
Ermüdungsfestigkeit drahtfunkenerodierter Nickelbasiswerkstoffe für Triebwerksanwendungen
ISBN: 978-3-98555-287-0
Erscheinungsdatum: 10.06.2025

Spindler, Sarah:
Multi-Source Energy Harvesting for Wireless IIoT Sensors
ISBN: 978-3-98555-285-6
Erscheinungsdatum: 02.06.2025

Chhor, Jimmy:
Cyclic Procedure Model for the Continuous Optimization of Digital Business Processes
ISBN: 978-3-98555-271-9
Erscheinungsdatum: 24.03.2025

Mendl-Heinisch, Michael:
Bewertung technischer Produktänderungen mittels prädiktiver Datenanalyse
ISBN: 978-3-98555-267-2
Erscheinungsdatum: 24.03.2025

Pullen, Thomas Wilhelm:
Überwachung des Verschleißzustandes von Bohrwerkzeugen mithilfe von Körperschallsignalen
ISBN: 978-3-98555-268-9
Erscheinungsdatum: 04.03.2025

Lauf, Hendrik:
Identifizierung von Innovationspotenzialen durch die semantische Modellierung des Produktumfelds
ISBN: 978-3-98555-251-1
Erscheinungsdatum: 24.02.2025

Adlon, Katharina:
Montageplanung für Verlagerungen unter Berücksichtigung kulturbedingter Unterschiede
ISBN: 978-3-98555-256-6
Erscheinungsdatum: 03.02.2025

Sohnius, Felix:
Integriertes Qualitäts- und Nachhaltigkeitsmanagement im Aachener Qualitätsmanagement Modell
ISBN: 978-3-98555-257-3
Erscheinungsdatum: 03.02.2025

Kunze, Rouwen Elia:
Low Coherence Interferometry for Depth Monitoring in Water Jet Guided Laser Micro Machining
ISBN: 978-3-98555-247-4
Erscheinungsdatum: 27.01.2025

Küpper, Ugur:
Data-driven Model for Process Evaluation in Wire EDM
ISBN: 978-3-98555-260-3
Erscheinungsdatum: 27.01.2025

Edition Wissenschaft
Apprimus

Haase, Bernd:
Datenbasierte Werkzeuglebenszykluskostenanalyse
ISBN: 978-3-98555-255-9
Erscheinungsdatum: 20.01.2025

Krug, Marius:
Reduzierung der Fertigungs-programmvarianz mittels datenbasierter Ähnlichkeitsanalyse
ISBN: 978-3-98555-253-5
Erscheinungsdatum: 20.01.2025

Ruschitzka, Christina:
Funktionsorientierte Ökologieanalyse im Maschinen- und Anlagenbau
ISBN: 978-3-98555-252-8
Erscheinungsdatum: 08.01.2025

Schlosser, Tino X.:
Gestaltung des Zentralisierungsgrads im Produktionsmanagement globaler Produktionsnetzwerke
ISBN: 978-3-98555-248-1
Erscheinungsdatum: 17.12.2024

Steinert, Alexander:
Modellprädiktive Regelung aktiver Kühlsysteme von Werkzeugmaschinen zur Kompensation thermo-elastischer Verlagerungen
ISBN: 978-3-98555-245-0
Erscheinungsdatum: 26.11.2024

Mueller, Aleksandra:
Assistenzsystem zur wissensbasierten Steuerungsrekonfiguration für robotergestützte Automatisierungsprozesse
ISBN: 978-3-98555-244-3
Erscheinungsdatum: 28.10.2024

Voet, Henning:
Ermittlung der Qualitätskosten bei Bauteilen mit unsicherheitsbehafteten geometrischen Merkmalen durch additiv gefertigte Prozessprototypen in Kleinserien
ISBN: 978-3-98555-242-9
Erscheinungsdatum: 17.10.2024

Latz, Tim:
Methodik zur Förderung von Deep-Tech im Maschinenbau
ISBN: 978-3-98555-243-6
Erscheinungsdatum: 14.10.2024

Föhlisch, Nils:
Klassifikationsbasierte Planung flexibler, flussorientierter Mixed-Model-Montagestrukturen
ISBN: 978-3-98555-231-3
Erscheinungsdatum: 16.09.2024

Keuper, Alexander:
Kompetenzbasierter Ressourceneinsatz in Multientwicklungsprojekt-umgebungen
ISBN: 978-3-98555- 236-8
Erscheinungsdatum: 09.09.2024

Edition Wissenschaft
Apprimus

FSC
www.fsc.org
MIX
Papier | Fördert
gute Waldnutzung
FSC® C083411

Kolibri 360 GmbH
Ferdinand-Jühlke-Straße 7
99095 Erfurt, Deutschland
produktsicherheit@kolibri360.de